岩波講座　基礎数学

組合せ位相幾何学

監　修

小平邦彦

編　集

岩堀長慶
河田敬義
藤田　宏
小松彦三郎
＊田村一郎
＊服部晶夫
＊飯高　茂

岩波講座　基礎数学

幾何学 iv

組合せ位相幾何学

加藤十吉

岩波書店

目　　次

まえがき

組合せ位相幾何学では，図形を単体と呼ばれる単純な基本図形の総体としての複体とみなし，各単体の性質を総合しかつ総体的に捉えながら図形の性質を研究する．すなわち，図形の性質を組合せ的に研究する幾何学である．たとえば，n角形の内角の和は$(n-2)\cdot\pi$であるという事実は三角形の内角の和がπであるという事実から組合せ的にえられる．この点で，組合せ位相幾何学には古代ギリシアの幾何学の高次元化という一面がある．第1章で複体を導入するにあたり，このような背景に留意した．トポロジーとしての組合せ位相幾何学の真価が発揮されるのは多様体の研究においてである．多様体の単体分割の第1回重心細分における双対胞体分割の存在はPoincaréの双対定理を明快に理解させてくれる．また，第2回重心細分の中で単体分割の骨格(skeleton)を厚みづけしてゆくことにより，PL(piecewise linear)多様体の好適なハンドル分解が得られる．とくに，部分複体の厚みづけに限るならば，導近傍と呼ばれる標準な多様体的近傍がえられる．

J. H. C. Whiteheadは多面体の厚みづけとして捉えられるPL多様体の研究を正則近傍の理論として展開し，多面体の縮約変形と正則近傍のPL同相のもとでの運動が対応することを示した．第2, 3章では正則近傍の理論と縮約の理論が中心となる．つぎの章からはPL多様体のホモトピー，あるいはホモロジー的性質を幾何学的性質にひき戻す問題を考える．これは吸い込みの定理とハンドル体の理論という二つの幾何学的定式化で論じられる．

吸い込みの理論が連結性の仮定のもとに部分多面体を可約な多面体の中に包みこもうとするのに対し，ハンドル体の理論ではホモトピーに忠実にハンドル分解を変形しようとする．吸い込みの理論では一般の位置の議論と正則近傍の理論しか必要としないので，結果は直接的にえられるのに対し，ハンドル体の理論は吸い込みの理論の精密化とみなされ，部分多様体の交叉の理論がハンドル体の理論では本質的に重要となる．そして交叉の代数的理論と幾何的理論のギャップを埋めるWhitneyの交叉解消の補題が基本的である．その証明は4, 5次元の場合には通用しなくなる．第4, 5章ではそれぞれ吸い込みの定理，ハンドル体の理論を軸として幾何学的に深いいくつかの定理が示される．

ハンドル体の理論は h 同境理論というべきもので，S. Smale により始められた．しかし，非単連結の場合になると，B. Mazur により指摘されたように，ホモトピーと縮約変形あるいはその逆変形の合成変形である単純ホモトピーのギャップを表わす Whitehead の捩れに帰着されることになる．ここでは，単純ホモトピー論に深入りする余裕はなかったが，多様体のトポロジーの基本定理である s 同境定理で本質的役割をはたしている．ここに，組合せ位相幾何学が現代的位相幾何学の中心で息づく姿をみることができるであろう．

第1章　複体の幾何学

§1.1　胞体，単体，複体

十分大きな次元 N の実 Euclid 空間 $\boldsymbol{R}^N$ の中の部分集合について考えることにする．$\boldsymbol{R}^N$ のアフィン写像を単に線型写像と呼ぶことにする．たとえば，$\boldsymbol{R}^N$ の部分集合 X の上の線型関数 $f: X\to\boldsymbol{R}$ (実数の全体) といえば，X の各点 $x=(x^1, \cdots, x^N)$ に対し，$f(x)=\alpha_1\cdot x^1+\cdots+\alpha_N\cdot x^N+\alpha$，ただし $\alpha_1, \cdots, \alpha_N, \alpha\in\boldsymbol{R}$，と表わされるものとする．$\boldsymbol{R}^N$ のアフィン部分空間は原点へ平行移動して線型部分空間とみなすこととする．

a) 胞体と単体

いくつかの線型不等式

$$g_1(x^1, \cdots, x^N) = \alpha_{11}\cdot x^1+\cdots+\alpha_{1N}\cdot x^N+\alpha_1 \geqq 0,$$
$$\vdots$$
$$g_s(x^1, \cdots, x^N) = \alpha_{s1}\cdot x^1+\cdots+\alpha_{sN}\cdot x^N+\alpha_s \geqq 0$$

を満たす $\boldsymbol{R}^N$ の点 $x=(x^1, \cdots, x^N)$ の全体 A が $\boldsymbol{R}^N$ の有界な閉集合(コンパクト集合)をなすとき，A を**凸胞体** (convex cell)，以後は単に**胞体**と呼ぶ．A を含む $\boldsymbol{R}^N$ の最小のアフィン部分空間 $\{\alpha\cdot x+(1-\alpha)\cdot y \mid x, y\in A,\ x\neq y\,;\alpha\in\boldsymbol{R}\}$ を $\bar{A}$ と表わす．$\bar{A}$ の次元 $\dim\bar{A}=n$ を A の**次元**といい，A^n または $\dim A=n$ と表わし，A を n **胞体**と呼ぶ．A を定義する線型不等式に，そのいくつかの不等式 $g_i(x)\geqq 0$ に対し，$-g_i(x)\geqq 0$ をつけ加えて (すなわち，$g_i(x)=0$ として) えられる m 胞体 B を A の m **面** (m-face) といい，$B\leqq A$ と表わす．$B\neq A$ であれば，$B<A$ と表わす．空集合 ϕ を $\dim\phi\leqq -1$ である胞体とみなし，すべての胞体は共通な面 ϕ をもつとする．胞体の**頂点** (vertex) とはその 0 面のことである．(図 1.1)

問 1.1　胞体はその頂点を含む最小の凸集合である．

問 1.2　n 胞体の頂点は少なくとも $n+1$ 個ある．——

n 胞体の頂点の個数が $n+1$ であるとき，n **単体** (n-simplex) と呼ばれる．(図

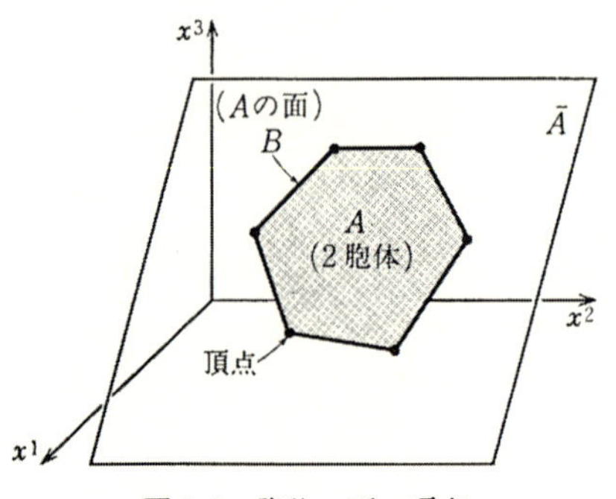

図1.1 胞体，面，頂点

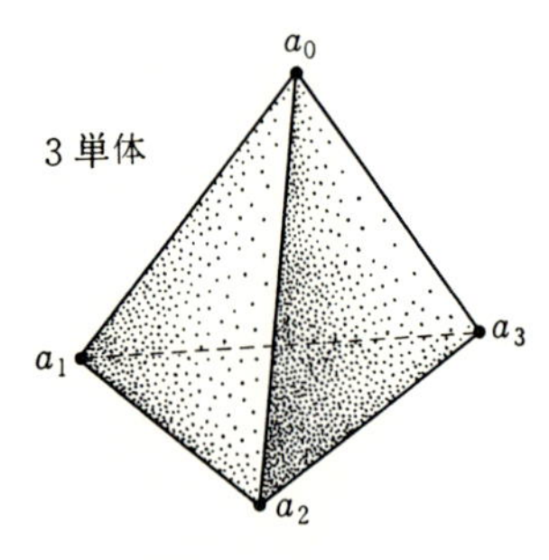

図1.2 単 体

1.2)

問1.3 (i) n 単体 A の頂点を $a_0, \cdots, a_n$ とすれば，

$$A=\{x=\alpha_0\cdot a_0+\cdots+\alpha_n\cdot a_n \mid \alpha_0, \cdots, \alpha_n \in \boldsymbol{R},\ \alpha_0+\cdots+\alpha_n=1,\ \alpha_0\geqq 0, \cdots, \alpha_n\geqq 0\}$$

である．この意味で，A は頂点 $a_0, \cdots, a_n$ により**張られる**という．

(ii) n 単体 A の m 面 B に対し，B を張る頂点 $a_{i_0}, \cdots, a_{i_m}$ が定まり，添字の集合 $\{0, 1, \cdots, n\}$ の部分集合 $\{i_0, \cdots, i_m\}$ に対して A の m 面が定まる．かくして，A の面の全体と $n+1$ 個の添字の部分集合の全体が1対1に対応する．とくに，A の面の全体は 2^{n+1} 個ある．

b) 複 体

$\boldsymbol{R}^N$ の**胞体的複体** (cell complex) K とは $\boldsymbol{R}^N$ の胞体の集合で，つぎの3条件を満たすものである．

(1) $A\in K$ ならば，A のすべての面 $B<A$ は K に属する．

(2)　$A\in K$, $B\in K$ ならば，$A\cap B$ は A と B の共通な面である．

(3)　K は**局所有限**である．すなわち，$A\in K$ のとき A の点 x に対し，x の $\boldsymbol{R}^N$ における近傍 V が存在して，$V\cap B\neq\phi$ である $B\in K$ は高々有限個しかない．(図1.3, 1.4)

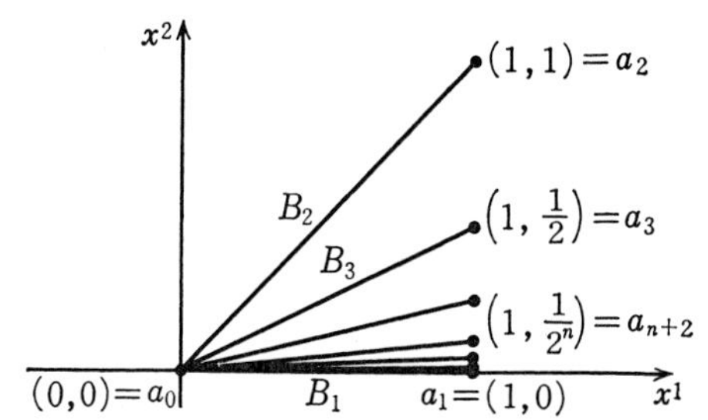

$\{a_0,a_1,a_2,\cdots,a_n,\cdots;\ B_1,\cdots,B_n,\cdots\}$ は条件(1), (2)を満たすが，a_0 で局所有限性が満たされない

図 1.3　局所有限でない‘複体’

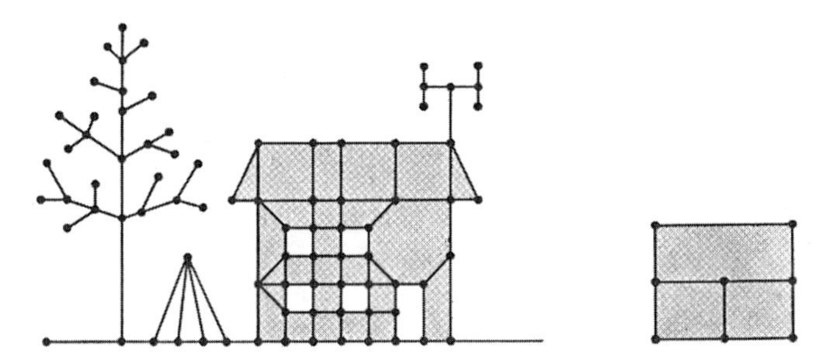

図 1.4　胞体的複体の例(左)，胞体的複体でない例(右)
(誤りやすいから注意)

K の胞体の個数が有限のとき，K を**有限複体**という．有限の胞体の集合 K に対しては条件(3)は自明に成立しているので，条件(1), (2)を満たせば複体となる．複体 K の胞体の次元の最大値 n を複体 K の**次元**といい，$\dim K=n$ と表わす．$\sharp K$ で K の**胞体の個数**を表わす．複体 K の元がすべて単体のとき，K は**単体的複体**(simplicial complex)と呼ばれる．

例 1.1　n 胞体 A に対し，A の面の全体 $\{B\,|\,B\leqq A\}$ を $\boldsymbol{A}$ で表わす．$\boldsymbol{A}$ は n 次元有限複体である．

[証明]　$\boldsymbol{A}$ は条件(1)を自明に満たす．$B<A$, $C<A$ のとき，$B\cap C$ は B と

C の定義不等式の共通解集合であるから $B\cap C<A$ となる．すなわち，$\boldsymbol{A}$ は条件(2)も満たす．A は有限個の不等式で定義されているのでその面の個数は有限個であり，(3)も満たされる．▮

複体 K の部分集合 L が複体をなすとき，L を K の**部分複体**(subcomplex)という．K の胞体 A が K の他の胞体の面とならぬとき，A は**主**(principal)であるという．$A\in K$ が主であるための必要十分条件は $K-\{A\}$ が複体をなすことである．

例1.2　胞体 A は $\boldsymbol{A}$ の主胞体である．$\partial\boldsymbol{A}=\boldsymbol{A}-\{A\}$ と表わす．$\partial\boldsymbol{A}$ は $\boldsymbol{A}$ の部分複体である．

例1.3　$\dim A=\dim K$ である K の胞体 A は主である．複体 K の m 次元以下の単体の全体 $\{B\in K\mid \dim B\leqq m\}$ を $K_{(m)}$ と表わす．$K_{(m)}$ は K の部分複体をなし，K の m **骨格**(m-skeleton)と呼ばれる．

例1.4　複体 K の部分集合 S に対し，$\tilde{S}=\bigcup_{A\in S}\boldsymbol{A}$ は K の部分複体をなす．$\tilde{S}$ を S の**複体化**という．S が K の部分複体をなす必要十分条件は $\tilde{S}=S$ である．——

胞体の集合 S に対し，S の胞体がおおう集合 $\bigcup_{A\in S}A$ を $|S|$ と表わす．$|S|$ は $\boldsymbol{R}^N$ の部分空間として位相空間となる．

問1.4　S が有限であることと $|S|$ がコンパクトであることとは同値である．

問1.5　$\boldsymbol{R}^N$ は可分であるから，複体 K に対し，$\#K$ は可算である．——

胞体 A に対し，$\partial A=|\partial\boldsymbol{A}|$，$\mathring{A}=A-\partial A$ と定義する．A を含む $\boldsymbol{R}^N$ の最小のアフィン空間 $\bar{A}$ の中で，$\mathring{A}$ は A の内点の全体で，∂A は A の境界点の全体である．∂A を A の**境界**，$\mathring{A}$ を A の**内部**と呼ぶ．

c)　接　合

$\boldsymbol{R}^N$ の単体 A,B が**可接合**(joinable)であるとは，A と B を含む最小のアフィン空間 $\overline{A\cup B}$ が次元 $\dim A+\dim B+1$ をもつときをいう．このとき，A と B の**接合**(join) $A*B$ が

$$A*B=\{(1-t)\cdot a+t\cdot b\mid 0\leqq t\leqq 1,\ a\in A,\ b\in B\}$$

により定義される．(図1.5)　$A*B$ の点 z に対し，$z=(1-t)\cdot a+t\cdot b$ となる $a\in A$，$b\in B$，$0\leqq t\leqq 1$ が一意的に定まる．とくに空集合 ϕ に対して，$A*\phi=\phi*A=A$ とする．

問1.6　(i)　接合 $A*B$ は A と B の頂点で張られる単体である．

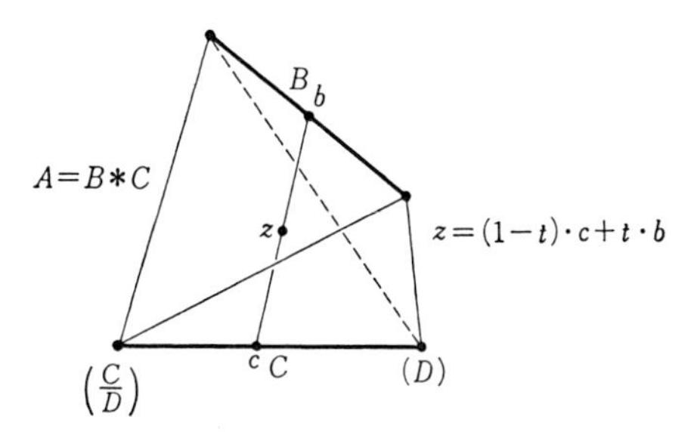

図 1.5　単体の接合

(ii)　$A*B=B*A$.

(iii)　$(A*B)*C=A*(B*C)$.

問 1.7　$\boldsymbol{R}^3$ の中にある 2 線分が可接合であるための必要十分条件はそれぞれの線分を含む直線がねじれの位置にあることである. ——

一般に，単体 $A_1, \cdots, A_k$ の可接合性が帰納的に定義され，その接合 $A_1*\cdots*A_k$ が $A_1, \cdots, A_k$ の順序によらず一意的に定まる. そして，

$$A_1*\cdots*A_k=\left\{x=\sum_{i=1}^{k}\alpha_i\cdot x_i \,\middle|\, \sum_{i=1}^{k}\alpha_i=1,\ \alpha_i\geqq 0,\ x_i\in A_i,\ i=1,\cdots,k\right\}$$

が成立し，$x=\sum_{i=1}^{k}\alpha_i\cdot x_i$ において，α_i, x_i は一意的に定まる.

例 1.5　単体 A に対してつぎが成立する.

(i)　A の頂点を $a_0, \cdots, a_n$ とすれば，$A=a_0*\cdots*a_n$ である.

(ii)　A の面 B に対し，A の面 C が存在して，$A=B*C$ となる. このとき，$C=A/B$ と表わす.

(iii)　$C=A/B$ の面 D に対し，

$$\frac{C}{D}=\frac{\frac{A}{B}}{D}=\frac{A}{B*D}$$

である. (図 1.5) ——

単体的複体 K と L が**可接合**とは，

(1)　K, L のかってな単体 A, B が可接合で，

(2)　K のかってな単体 A, C, L のかってな単体 B, D に対し，

$$(A*B)\cap(C*D)=(A\cap C)*(B\cap D)$$

が成立するときをいう.

可接合な複体 K, L に対し,

$$K * L = \{A * B \mid A \in K,\ B \in K\}$$

と表わす. $K*L=K\cup L\cup\{A*B \mid K\ni A\neq\phi,\ L\ni B\neq\phi\}$ となる. 単体 A に対し, $\boldsymbol{A}*K$ を $A*K$ と略記する. (図1.6)

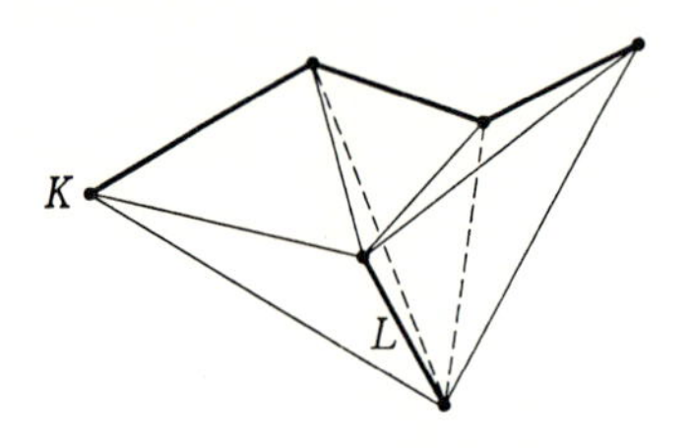

図1.6　単体的複体の接合

問1.8　$A=B*C$ のとき, $\boldsymbol{A}=\boldsymbol{B}*\boldsymbol{C}$ である. (図1.5) ——

命題1.1　有限複体 K, L に対して, $K*L$ は有限複体である.

証明　$\#(K*L)=(\#K)\cdot(\#L)$ であるから, $K*L$ は有限である. $K*L\ni A*B=C$ に対し, 問1.8より, $\boldsymbol{C}=\boldsymbol{A}*\boldsymbol{B}$ が成り立ち, 複体の条件(1)が満たされる. 複体の条件(2)は可接合の条件(2)より自明である. ▌

d) 星複体とからみ複体

K を胞体的複体とする. K の胞体 A を含む K の胞体の全体を複体化したものを A の K における**星複体** (star complex) といい, $\mathrm{St}(A, K)$ と表わす.

$$\mathrm{St}(A, K) = \{B\in K \mid A\leqq C \text{ かつ } C\geqq B,\ C\in K\}$$

である. $|\mathrm{St}(A, K)|=st(A, K)$ と表わし A の $|K|$ における(閉胞体的)星近傍あるいは**星** (star) という.

K を単体的複体とする. K の単体 A の K における**からみ複体** (link complex) $\mathrm{Lk}(A, K)$ を

$$\mathrm{Lk}(A, K) = \{B\in K \mid A*B\in K\}$$

と定義する. (図1.7)　これは $\boldsymbol{A}$ と可接合な K の部分複体で,

$$\boldsymbol{A}*\mathrm{Lk}(A, K) = \mathrm{St}(A, K)$$

が成立する. $|\mathrm{Lk}(A, K)|=lk(A, K)$ と表わし A の $|K|$ における**からみ体** (link)

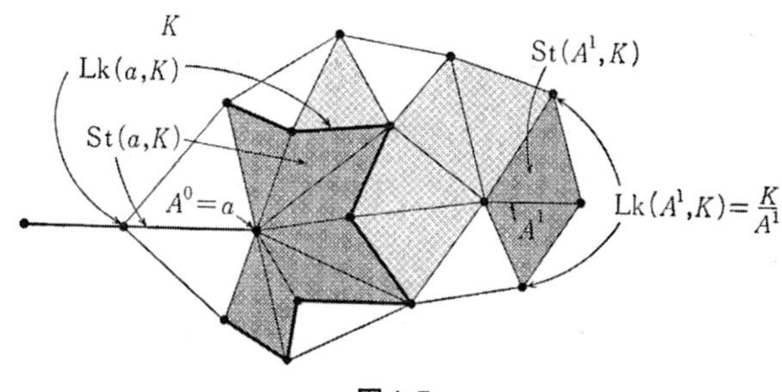

図 1.7

という．$\mathrm{Lk}(A, K)$ を便宜的に，K/A と表わす．これは K の単体 B が A を面としないとき，$B/A=\phi$ と了解すれば，

$$\mathrm{Lk}(A, K)=\left\{\frac{B}{A}\middle| B\in K\right\}$$

と表わされることによる．c) の例 1.5 (iii) より，つぎの命題が成り立つ．

命題 1.2　単体的複体 K の単体 C を $C=A*B$ と表わせば，

$$\frac{K}{C}\left(=\frac{K}{A*B}\right)=\frac{\frac{K}{A}}{B}=\frac{\frac{K}{B}}{A}.$$

すなわち，

$$\mathrm{Lk}(A*B, K)=\mathrm{Lk}(A, \mathrm{Lk}(B, K))=\mathrm{Lk}(B, \mathrm{Lk}(A, K))$$

ということである．——

問 1.9　単体 A を $A=B*C$ と表わせば，つぎが成立する．(図 1.5)

(1)　$\dfrac{\boldsymbol{A}}{B}=\boldsymbol{C}$,　　(2)　$\dfrac{\partial\boldsymbol{A}}{B}=\partial\boldsymbol{C}$.

e) Euler 標数——Euler 複体と対称多項式

胞体 A の次元を $|A|$ と表わす．$|A|\geqq 0$ のとき，$\chi\{A\}=(-1)^{|A|}$，$|A|=-1$ すなわち $A=\phi$ のとき，$\chi\{A\}=0$ と定義する．有限個の胞体の集合 S の Euler 標数 $\chi(S)$ をつぎのように定義する．

$$\chi(S)=\sum_{A\in S}\chi(A)=\sum_{\substack{A\in S\\|A|\geqq 0}}(-1)^{|A|}.$$

したがって，S の k 胞体の個数を α_k $(k\geqq 0)$ とすれば，

$$\chi(S)=\sum_{k\geqq 0}(-1)^k\cdot\alpha_k$$

と表わされる．

問 1.10　T が S の部分集合であれば，$\chi(S)=\chi(T)+\chi(S-T)$．——

例 1.6　A を n 単体とすれば，a) の問 1.3 (ii) より，A の k 面 $(0\leqq k\leqq n)$ の個数は $n+1$ 個の頂点から $k+1$ 個をとりだす仕方の個数 $\binom{n+1}{k+1}$ であるから，つぎが成立する．

(i)　$\chi(A)=\sum_{k=0}^{n}(-1)^k\cdot\binom{n+1}{k+1}=1-(1-1)^{n+1}=1,$

(ii)　$\chi(\partial A)=\chi(A-\{A\})=\chi(A)-(-1)^{|A|}=1-(-1)^n.$

例 1.7　有限単体的複体 K,L の接合 $K*L$ に対し，

$$\chi(K*L)=\chi(K)+\chi(L)-\chi(K)\cdot\chi(L).$$

——

これは，

$$\sum_{\substack{A\in K,B\in L\\A\neq\phi,B\neq\phi}}(-1)^{|A|+|B|+1}=-\sum_{\substack{A\in K\\A\neq\phi}}(-1)^{|A|}\left\{\sum_{\substack{B\in L\\B\neq\phi}}(-1)^{|B|}\right\}=-\chi(K)\cdot\chi(L)$$

が成り立つことからでてくる．

補題 1.1　K を n 次元単体的複体とし，$n-k$ 単体の個数を α_{n-k} とする．そのとき，$p=0,\cdots,n$ に対して，

$$\sum_{\substack{A\in K\\|A|=n-p}}\chi\left(\frac{K}{A}\right)=(-1)^{p-1}\cdot\sum_{s=0}^{p-1}\binom{n+1-s}{n+1-p}\cdot(-1)^s\cdot\alpha_{n-s}$$

が成立する．

証明

$$\sum_{\substack{A\in K\\|A|=n-p}}\chi\left(\frac{K}{A}\right)=\sum_{\substack{A\in K\\|A|=n-p}}\left(\sum_{\substack{B\in K\\|B|\geqq n-p+1}}\chi\left(\frac{B}{A}\right)\right)=\sum_{\substack{B\in K\\|B|\geqq n-p+1}}\left(\sum_{\substack{A\in K\\|A|=n-p}}\chi\left(\frac{B}{A}\right)\right)$$

$$=\sum_{s=0}^{p-1}\left\{\sum_{\substack{B\in K\\|B|=n-s}}\left(\sum_{\substack{A<B\\|A|=n-p}}(-1)^{p-s-1}\right)\right\}$$

となる．$n-s$ 単体 B の $n-p$ 面 A の個数は $\binom{n-s+1}{n-p+1}$ であるから，

$$\sum_{\substack{B\in K\\|B|=n-s}}\left(\sum_{\substack{A<B\\|A|=n-p}}(-1)^{p-s-1}\right)=\sum_{\substack{B\in K\\|B|=n-s}}\binom{n+1-s}{n+1-p}\cdot(-1)^{p-s-1}$$

$$=\binom{n+1-s}{n+1-p}\cdot(-1)^{p-s-1}\cdot\alpha_{n-s}$$

が成立する．これから求める式を得る．∎

n 次元単体的複体 K が **Euler 複体**であるとは，K の各単体 A ($\neq\phi$) に対し，$|A|=n-p$ であれば，

$$\chi\left(\frac{K}{A}\right)=1-(-1)^p$$

が成立するときをいう．

問 1.11 $n+1$ 単体 A に対し，∂A は n 次元 Euler 複体である．(問 1.9(2)参照.) ——

命題 1.3 n 次元有限 Euler 複体 K の k 単体の個数 α_k, $k=0,\cdots,n$, の間につぎの関係式が成立する．

$$\{1-(-1)^p\}\cdot\alpha_{n-p}=\sum_{s=0}^{p-1}\binom{n+1-s}{n+1-p}\cdot(-1)^s\cdot\alpha_{n-s},\qquad p=0,\cdots,n.$$

注意 とくに，p が奇数であれば，α_{n-p} は $\alpha_{n-p+1},\cdots,\alpha_n$ によって定まる．

証明 Euler 複体の定義と補題 1.1 による．▌

n 次元有限複体 K の k 単体の総数を α_k, $k=0,\cdots,n$, とし，

$$\alpha_{-1}=\frac{\chi(K)}{2}$$

とする．x を不定元とする $n+1$ 次多項式

$$\chi(K;x)=\alpha_n\cdot x^{n+1}+\cdots+\alpha_0\cdot x+\alpha_{-1}$$

を K の **Euler 標式**と呼ぶ．

K の Euler 標数 $\chi(K)$ はつぎの式で与えられる．

$$\chi(K)=\chi(K;0)-\chi(K;-1)=\int_{-1}^{0}\chi'(K;x)dx,$$

ただし，$\chi'(K;x)$ は $\chi(K;x)$ の導関数である．

不定元 x についての $n+1$ 次多項式 $f(x)$ が**対称**であるとは，$f(x)+(-1)^n\cdot f(-1-x)=0$ のときをいう．

補題 1.2 $n+1$ 次多項式 $f(x)$ に対し，導関数 $f'(x)$ が対称であるとする．n が奇数 $2m+1$ であれば，$f(x)$ も対称である．

証明 $f'(x)$ が対称であるから，

$$f'(x)+(-1)^{n-1}\cdot f'(-1-x)=0$$

となる．不定積分により，

$$f(x)+(-1)^n\cdot f(-1-x)=c\qquad(定数)$$

であるから，$c=0$ を示せばよい．$x=0$, $n=2m+1$ を代入して，

$$c = f(0)-f(-1) = \int_{-1}^{0} f'(x)\,dx = 0$$

を示せばよい．$f'(x)=-f'(-1-x)$ であるから，$u=-1-x$ とおくと，

$$c = \int_{-1}^{0} f'(x)\,dx = \int_{-1}^{0} \{-f'(-1-x)\}\,dx = \int_{0}^{-1} f'(u)\,du = -c.$$

したがって，$c=0$ を得る．▌

問 1.12 $n+1$ 次多項式 $f(x)$ が対称であるための必要十分条件は，$k=0, \cdots, n, n+1$ に対して，$f^{(k)}(x)$ が $f(x)$ の k 次導関数であるとき，

$$f^{(k)}(0)+(-1)^{n+k}\cdot f^{(k)}(-1) = 0$$

が成立することである．とくに，$f(x)=\sum_{k=-1}^{n} a_k\cdot x^{k+1}$ のとき，$f(x)$ が対称であるための必要十分条件は，

$$\{1-(-1)^p\}\cdot a_{n-p} = \sum_{s=0}^{p-1}\binom{n+1-s}{n+1-p}\cdot(-1)^s\cdot a_{n-s}$$

が，$p=0, \cdots, n, n+1$ に対して成立することである．——

定理 1.1 n 次元有限 Euler 複体 K に対して Euler 標式 $\chi(K\,;x)$ は $n+1$ 次の対称多項式である．

証明 命題 1.3 と問 1.12 より，$\chi'(K\,;x)$ は対称となる．$n=2m$ のときには，$\alpha_{-1}=\chi(K)/2$ より，$\chi(K\,;x)$ が対称となる．$n=2m+1$ のときには補題 1.2 による．▌

系 奇数次元の有限 Euler 複体 K に対して $\chi(K)=0$ である．

証明 $\chi(K\,;x)$ の対称性より，

$$\chi(K) = \int_{-1}^{0} \chi'(K\,;x)\,dx = 0$$

を得る．▌

問 1.13
$$\frac{t\cdot e^{t\cdot x}}{1-e^{-t}} = \sum_{n=0}^{\infty} B_n(x)\cdot t^n$$

により n 次多項式 $B_n(x)$, $n=0, 1, \cdots$ (Bernoulli の多項式) が定義される．

(1)(i) $B_0(x) = 1,\quad B_1(0) = \dfrac{1}{2},\quad B_{2m+1}(0) = 0\ (m\geqq 1)$,

(ii) $B_n'(x) = B_{n-1}(x)$,

(iii) $B_n(x)$ は対称である.

(2) $B_r=(2r)!\cdot(-1)^{r-1}\cdot B_{2r}(0)$, $r=1,2,\cdots$, を **Bernoulli 数**という. (B_r を B_{2r} と表わすこともある.)

$f(x)=a_n\cdot x^{n+1}+\cdots+a_0\cdot x+a_{-1}$ を $n+1$ 次の対称多項式とするとき,

$$f(x)=\sum_{s=0}^{n+1}\gamma_s\cdot B_{n+1-s}(x)$$

とおくと,

$$\gamma_{2t+1}=0,\qquad 2t+1\leqq n,$$
$$\gamma_{2t}=2\cdot(n-2t)!\cdot a_{n-2t-1},\qquad t\geqq 0$$

が成立する. ($f^{(n-2t)}(0)=\gamma_{2t}\cdot B_1(0)$ による.)

(3) $f(x)$ の係数の間にはつぎの関係式が成立する.

$$a_{n-2s}=\frac{1}{n-2s+1}\left\{2a_{n-2s-1}+\sum_{r=1}^{s}(-1)^{r-1}\cdot\binom{n-2s+2r+1}{n-2s}\cdot 2B_r\cdot a_{n-2s+2r-1}\right\},$$

$$a_{n-2s-1}=\sum_{r=0}^{s}\binom{n-2s+2r-1}{n-2s}\cdot(-1)^r\cdot\frac{(2^{2(r+1)}-1)}{r+1}\cdot B_{r+1}\cdot a_{n-2s+2r}.$$

とくに, $n=2m$ であれば,

$$2a_{-1}=a_0+\sum_{r=1}^{m}(-1)^r\cdot 2B_r\cdot a_{2r-1}=a_0-\frac{1}{3}a_1+\frac{1}{15}a_3-\frac{1}{21}a_5+\cdots$$

$$=\sum_{r=0}^{m}(-1)^r\cdot\frac{2^{2(r+1)}-1}{r+1}\cdot 2B_{r+1}\cdot a_{2r}=a_0-\frac{1}{2}a_2+a_4-\frac{17}{4}a_6+\cdots.$$

(4) n 次元有限 Euler 複体の Euler 標式 $\chi(K;x)$ に以上の結果を適用して, その幾何学的意味を考えよ.

§1.2 複体の細分

組合せ位相幾何学 (PL トポロジー) の対象図形は, 或る複体で覆われる点集合——多面体——で, 複体をその構造とみなし, 複体の細分で不変な性質を多面体の組合せ (PL) 的性質とみなす. ここでは細分に関する基礎的事実を与える.

a) 初等的定理

複体 K' が複体 K の**細分** (subdivision) であるとは,

(1) $|K'|=|K|$,

(2) K' の各胞体 A に対し, K の胞体 B が存在して, $A\subset B$ となる,

ときをいい，$K' \lhd K$ と表わす．K' が単体的複体のとき，K' を K の**単体的細分**という．L が K の部分複体で，$K' \lhd K$ のとき，$|L|$ に含まれる K' の胞体の全体を L' とすれば，L' は L の細分となる．L' を K' の L への**制限**，逆に，K' を L' の**拡大**という．K の部分集合 S に対し，$K-S \subset K'$ のとき，K の細分 K' は S に**台**をもつという．

複体 K の部分複体 L に対し，$\overset{\circ}{\mathrm{St}}(L, K)$ によって，$|L|$ と交わる K の胞体の全体を表わす．$\mathrm{St}(L, K)$ を $\overset{\circ}{\mathrm{St}}(L, K)$ の複体化とする．また，$E(L, K)$ によって，$|L|$ と交わらない K の胞体の全体を表わし，

$$\dot{\mathrm{St}}(L, K) = E(L, K) \cap \mathrm{St}(L, K)$$

とおく．$E(L, K)$ は K の部分複体で，$E(L, K) = K - \overset{\circ}{\mathrm{St}}(L, K)$ である．$\dot{\mathrm{St}}(L, K)$ も K の部分複体で，$\dot{\mathrm{St}}(L, K) = \mathrm{St}(L, K) - \overset{\circ}{\mathrm{St}}(L, K)$ である．

$$|\mathrm{St}(L, K)| = st(L, K), \qquad |\dot{\mathrm{St}}(L, K)| = \dot{st}(L, K)$$

と表わす．$st(L, K) = |\overset{\circ}{\mathrm{St}}(L, K)|$ でもあることに注意する．

問 1.14　$st(L, K)$ は $|L|$ の $|K|$ における閉近傍である．——

定理 1.2(拡大定理)　複体 K の部分複体 L の細分 L' が与えられたとする．L' を拡大する K の細分 K' で $\overset{\circ}{\mathrm{St}}(L, K)$ に台をもつものが存在する．(図 1.8)

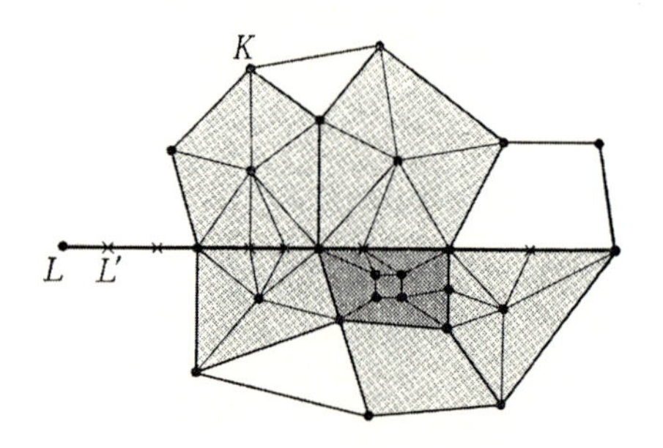

図 1.8　部分複体の細分の拡大

証明　骨格について帰納的に K' を定義する．K の m 骨格を $K_{(m)}$ として，$K_m = K_{(m)} \cup L$ とおく．$K_{-1} = L$，$K_n = K$ である，ただし $n = \dim K$．K_{m-1} に対し L' の拡大細分 K_{m-1}' が $\overset{\circ}{\mathrm{St}}(L, K_{m-1})$ に台をもつようにとれたとし，L' を拡大する K_m の細分 K_m' で $\overset{\circ}{\mathrm{St}}(L, K_m)$ に台をもつものを構成する，A を $\overset{\circ}{\mathrm{St}}(L, K_m) - L$ の m 胞体とする．∂A は K_{m-1} の部分複体で，K_{m-1}' の制限 $(\partial A)'$ に

細分されている．A の内点 $\boldsymbol{a}$ に対して，$\boldsymbol{a}$ と $(\partial \boldsymbol{A})'$ は可接合であるから，$(\partial \boldsymbol{A})'$ の $\boldsymbol{A}$ への拡大細分 $\boldsymbol{A}'$ を

$$\boldsymbol{A}' = \boldsymbol{a} * (\partial \boldsymbol{A})'$$

と定義できる．$K_m' = K_{m-1}' \cup \left(\bigcup_A \boldsymbol{A}'\right)$，ただし $\bigcup_A$ は $\mathring{\mathrm{St}}(L, K_m) - L$ のすべての m 胞体 A にわたる和とする，が求める K_{m-1}' の K_m への拡大細分である．$A \in \mathring{\mathrm{St}}(L, K_m)$ であるから，K_m' は $\mathring{\mathrm{St}}(L, K_m)$ に台をもつ．∎

定理 1.3（胞体的複体の単体化） 胞体的複体 K は頂点をつけ加えないで単体細分できる．（図 1.9） ——

このような胞体的複体の単体細分を**単体化**と呼ぶ．

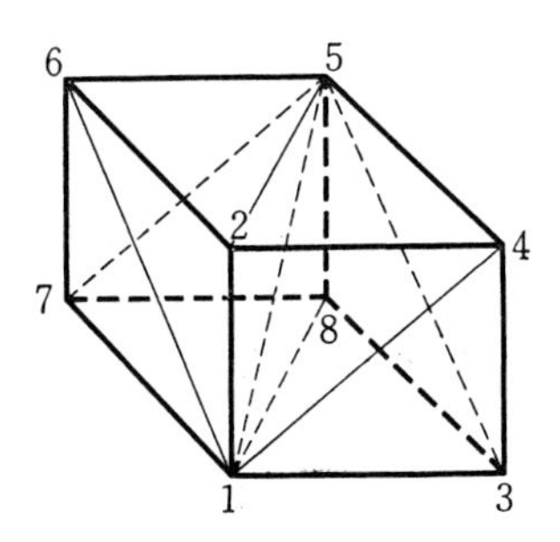

図 1.9 胞体的複体の単体化

証明 K の胞体の個数 $\# K$ は可算個であるから，とくに，その頂点に番号を与えることができる．K の 0 骨格 $K_{(0)}$ はすでに単体的である．K の $m-1$ 骨格 $K_{(m-1)}$ まで，つぎのように頂点の順序と共調 (compatible) な単体細分 $K_{(m-1)}'$ が与えられたとして，K の m 骨格 $K_{(m)}$ の頂点の順序と共調な単体細分を定義する．A を K の m 胞体とする．A の頂点で番号の一番小さいものを $\boldsymbol{a}$ とおく．$E(\boldsymbol{a}, \partial A)$ は $K_{(m-1)}$ の部分複体で，$K_{(m-1)}'$ の制限細分 $E'(\boldsymbol{a}, \partial A)$ をうける．A は凸胞体であるから，$\boldsymbol{a}$ と $E'(\boldsymbol{a}, \partial A)$ とは可接合である．この $\boldsymbol{A}$ への拡大細分を $\boldsymbol{A}' = \boldsymbol{a} * E'(\boldsymbol{a}, \partial A)$ と定義し，$K_{(m-1)}$ の求める $K_{(m)}$ への拡大 $K_{(m)}'$ を，

$$K_{(m)}' = K_{(m-1)}' \cup \left(\bigcup_A \boldsymbol{A}'\right) \qquad (A \text{ は } K \text{ の } m \text{ 胞体})$$

とおく．$K_{(m-1)}'$ もこのようにして得られたとすると，$K_{(m-1)}'$ の $\partial \boldsymbol{A} = \mathrm{St}(\boldsymbol{a}, \partial \boldsymbol{A}) \cup E(\boldsymbol{a}, \partial \boldsymbol{A})$ への制限 $(\partial \boldsymbol{A})'$ は，$\mathrm{St}(\boldsymbol{a}, \partial \boldsymbol{A})$ の各胞体 B の頂点の中で $\boldsymbol{a}$ が一番小さな番号をもち，あらたに頂点がつけ加えられていないので，$\boldsymbol{A}'$ の $\partial \boldsymbol{A}$ へ

の制限を $\partial \boldsymbol{A}'$ とすれば，

$$\mathrm{Lk}(\boldsymbol{a}, \partial \boldsymbol{A}') = \mathrm{Lk}(\boldsymbol{a}, (\partial \boldsymbol{A})'),$$
$$\partial \boldsymbol{A}' = (\boldsymbol{a} * \mathrm{Lk}(\boldsymbol{a}, (\partial \boldsymbol{A})')) \cup E(\boldsymbol{a}, (\partial \boldsymbol{A})'),$$
$$E(\boldsymbol{a}, (\partial \boldsymbol{A})') = E'(\boldsymbol{a}, \partial \boldsymbol{A})$$

と表わされる．よって，$\boldsymbol{A}'$ は $(\partial \boldsymbol{A})' = \partial \boldsymbol{A}'$ を拡大する $\boldsymbol{A}$ の細分で，$K_{(m)}'$ が求める $K_{(m-1)}'$ の拡大となる．▌

定理 1.4（共通細分定理 I）　胞体的複体 K, L に対し，$|K|=|L|$ が成立すれば，K, L の共通細分 J が存在する．

証明　$J=\{A\cap B \mid A\in K, B\in L\}$ が求めるものである．実際，$A\cap B$ は A, B の定義不等式の共通解集合であるから胞体で，A の面 C に対し，$C\cap B$ は $A\cap B$ の面となるからである．▌

定理1.3と定理1.4から，ただちにつぎの系が得られる．

系　単体的複体 K, L に対し，$|K|=|L|$ であれば，K と L の共通単体細分が存在する．

b）星状細分

K を胞体的複体とする．$|K|$ のかってな点 x に対して，K の胞体 A で $x\in \mathring{A}$ となるものが一意的に定まる．A を x の K における**台**という．$\mathring{\mathrm{St}}(x, K)=\{B\in K \mid x\in B\}$，その複体化を $\mathrm{St}(x, K)$ と表わす．$\mathrm{Lk}(x, K)=\mathrm{St}(x, K)-\mathring{\mathrm{St}}(x, K)$ と表わす．K が単体的複体で，A を x の K における台とすれば，$\mathrm{St}(x, K)=\mathrm{St}(A, K)$，$\mathrm{Lk}(x, K)=\partial \boldsymbol{A} * \mathrm{Lk}(A, K)$ が成立する．

$$|\mathrm{St}(x, K)| = st(x, K), \qquad |\mathrm{Lk}(x, K)| = lk(x, K)$$

と表わす．$st(x, K)$ を x の $|K|$ における（閉胞体的）**星近傍**あるいは**星**，$lk(x, K)$ を x の $|K|$ における**からみ体**という．

K の胞体 A とその内点 a に対し，$\mathring{\mathrm{St}}(a, K)$ に台をもつ K の細分 $\delta(a, A)\cdot K$ がつぎにより定義される．

$$\delta(a, A)\cdot K = \{K-\mathrm{St}(a, K)\} \cup \{\boldsymbol{a} * \mathrm{Lk}(a, K)\}.$$

$\delta(a, A)$ を細分作用とみなし，K を a から**星化**(staring)する細分，あるいは点 a での**初等星状細分**(elementary stellar subdivision)という．初等星状細分を局所有限回施して得られる K の細分 δK を K の**星状細分**という．

問 1.15　K の部分複体の星状細分は K の星状細分に拡大する．

c) 複体の導細分

n 次元複体 K に対し，その(第1回)導細分 K' をつぎのように定義する．K の0骨格 $K_{(0)}$ の導細分 $K_{(0)}'$ は $K_{(0)}'=K_{(0)}$ と定める．K の $m-1$ 骨格($1\leqq m\leqq n$) $K_{(m-1)}$ に対し，導細分 $K_{(m-1)}'$ が得られたとし，K の m 骨格 $K_{(m)}$ の導細分 $K_{(m)}'$ を K の各 m 胞体 A の内点 $\boldsymbol{a}$ をとり，$\partial\boldsymbol{A}\subset K_{(m-1)}$ への $K_{(m-1)}'$ の制限を $(\partial\boldsymbol{A})'$ として，A が K のすべての m 胞体にわたるとき，

$$K_{(m)}' = K_{(m-1)}' \cup \left\{\bigcup_{A}(\boldsymbol{a} * (\partial\boldsymbol{A})')\right\}$$

と定義する．帰納的に，$K=K_{(n)}$ の導細分 K' が得られる．(図1.10) K' は K の単体的細分である．K' は K の各胞体の内点を指定して定まることに注意する．K の導細分 K' の第2の定義がつぎのようになされる．K の各胞体 A にその内点 a を指定する．K の胞体の列 $A_0, \cdots, A_k$ が $A_0<\cdots<A_k$ を満たすとき，与えられたそれぞれの内点 $a_0, \cdots, a_k$ は可接合で，k 単体 $a_0 * \cdots * a_k$ が得られる．このような単体の全体が K' となる．K の導細分 K' はまた K の星状細分としてつぎのように定義される．S を K の部分複体とし，$K-S$ のすべての k 胞体($k=0, \cdots, n$)に番号をつけ，A_i^k と表わす．その内点 a_i^k を指定する．K の S に相対的な導細分 $K' \bmod S$ をつぎにより定義する．

$$K' \bmod S$$
$$= \cdots\delta(a_j^0, A_j^0)\cdot(\cdots(\delta(a_i^n, A_i^n)\cdot(\cdots(\delta(a_1^n, A_1^n)\cdot K)\cdots)\cdots)\cdots)\cdots.$$

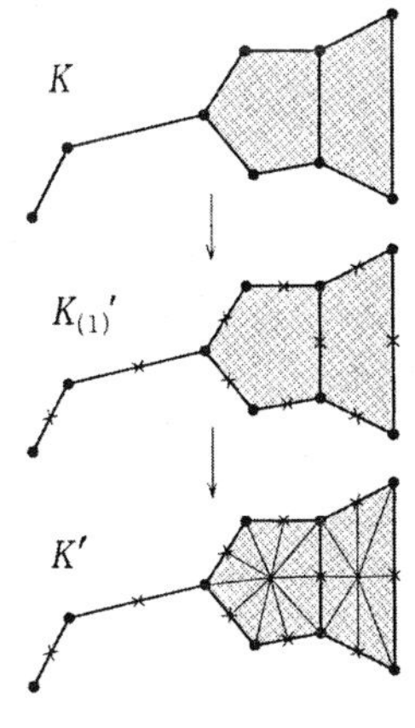

図1.10 導細分

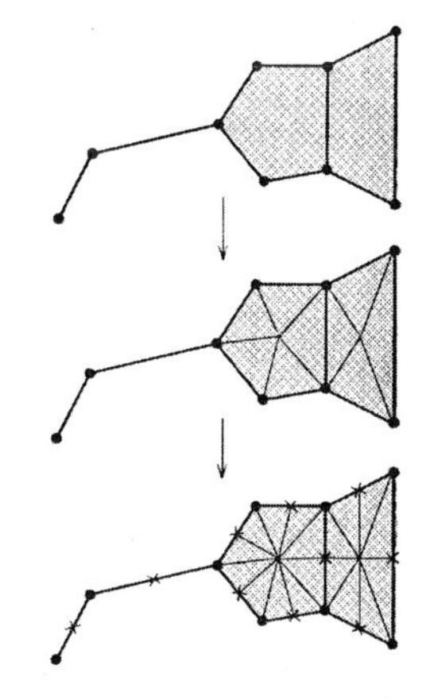

図1.11 星状細分としての導細分

これは，K の局所有限な細分で，$S=\phi$ のときには，K' と一致する．(図1.11)

K の s 回導細分 $K^{(s)}$ を帰納的に，$K^{(s)}=(K^{(s-1)})'$ と定義する．

定理 1.5（共通細分定理II）　K, L を胞体的複体で，$|K|\supset|L|$，L は有限であるとする．このとき，K の s 回導細分 $K^{(s)}$，$s\leqq\#L$，および L の細分 L_1 が存在して，$L_1\subset K^{(s)}$ となる．

証明　$\#L=r$ に関する帰納法で示す．$r=0$ のとき自明である．$r-1$ で成立すると仮定する．A を L の主胞体とすれば，$L-\{A\}$ は L の部分複体で，帰納法の仮定から，K の t 回導細分 $K^{(t)}$，$t\leqq r-1$，および $L-\{A\}$ の細分 $(L-\{A\})_1$ に対し，$(L-\{A\})_1\subset K^{(t)}$ が成立する．

$\boldsymbol{A}_1=\{A\cap B\,|\,B\in K^{(s)}\}$ とおくと，これは $\boldsymbol{A}$ の胞体的細分で，$(L-\{A\})_1$ の $\partial\boldsymbol{A}$ への制限 $(\partial\boldsymbol{A})_1$ を拡大している．よって，$L_0=(L-\{A\})_1\cup(\boldsymbol{A})_1$ は L の胞体的細分となる．$K^{(t)}$ の各胞体 B の内点 b を

　$\mathring{A}\cap\mathring{B}\neq\phi$ のとき，$b\in\mathring{A}\cap\mathring{B}$ ととり，

　$\mathring{A}\cap\mathring{B}=\phi$ のとき，かってにとる．

これにより導細分 $K^{(t+1)}$ をとる．(図1.12)　その L_0 への制限を $L_1=(L_0)'$ とおくと，これは L_0 の導細分で，しかも $K^{(t+1)}$ の部分複体となる．$t+1\leqq r$ であるから，$K^{(t+1)}, L_1$ が求めるものである．∎

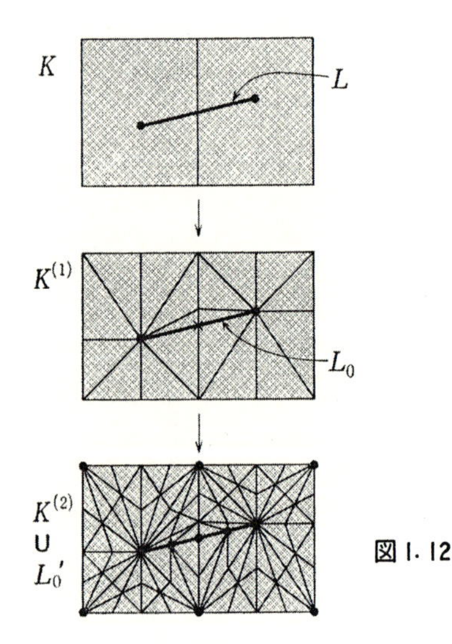

図1.12

$|K|=|L|$ として，つぎが得られる.

系 1 有限複体 K, L に対し，$|K|=|L|$ であれば，L の細分である K の s 回導細分 $K^{(s)}$ が存在する. ——

定理1.5を有限回くりかえして，つぎの系が得られる.

系 2 K を複体，$K_1, \cdots, K_p$ を有限複体とし，

$$|K| \supset |K_i|, \quad i=1, \cdots, p$$

とする．このとき，K の s 回導細分 $K^{(s)}$ および K_i の細分 L_i, $i=1, \cdots, p$, が存在して，各 L_i は $K^{(s)}$ の部分複体となる. ——

定理1.5の補足. L が有限でないとき，$|L|$ が $|K|$ の閉集合であれば，L の各胞体は K の有限個の胞体と交わる．したがって，K の(局所有限な)星状細分 K_1, L の細分 L_1 が存在して，L_1 は K_1 の部分複体となる.

§1.3 複体の算術的幾何学

微分多様体の Euler 標数と全曲率に関する Gauss-Bonnet の定理は，近代的トポロジーの基点の一つである．この定理の源泉は，平面単純多角形の外角和は 2π であるという，ギリシアの古典的結果にある．そのことは多角形を三角形に分割し各三角形ではその内角和が π であるという Thalēs の定理を適用して示される．組合せ幾何学の源泉はこのようにギリシアの幾何学にあると考えられる．高次元単体の内角に関する研究は，非 Euclid 幾何学に関連して Lobačevskii, Schläfli, Poincaré 等多くの幾何学者によって研究されてきた．最近，本間龍雄により組合せ Gauss-Bonnet の定理が得られた．ここではこれを中心にしながら，複体に関する幾何学的性質を算術的に記述する.

a) 単体の面角

A を $\boldsymbol{R}^N$ の n 単体，B を A の m 面とする．B の内点 b に対し，$\boldsymbol{R}^N$ の中に中心 b, 半径 $\varepsilon\,(>0)$ の N 次元球体

$$B^N(b, \varepsilon)=\left\{x \in \boldsymbol{R}^N \mid \|x-b\|=\sum_{i=1}^{N}(x^i-b^i)^2 \leqq \varepsilon\right\}$$

をとれば，$A \cap B^N(b, \varepsilon)$ の n 次元体積 $\mu_n(A \cap B^N(b, \varepsilon))$ が定まる．$\Gamma_n(\varepsilon)$ で半径 ε の n 次元球体 $B^n(b, \varepsilon)$ の体積を表わし，B の A での内角 $\lambda_A(B)$ を

$$\lambda_A(B) = \lim_{\varepsilon \to 0} \frac{\mu_n(A \cap B^N(b, \varepsilon))}{\Gamma_n(\varepsilon)}$$

と定義する．(図1.13)

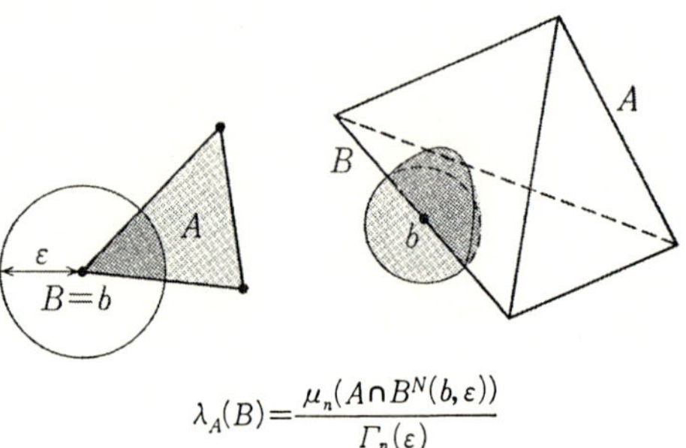

$$\lambda_A(B) = \frac{\mu_n(A \cap B^N(b, \varepsilon))}{\Gamma_n(\varepsilon)}$$

図1.13

つぎの問により，$\lambda_A(B)$ は完全に定義される．

問1.16 (1) $\varepsilon(b) = \min\{\|b-x\| \mid x \in lk(b, A)\}$ とおくと，

(i) $\varepsilon(b)$ は $\mathring{B}$ 上の連続関数である．

(ii) $\varepsilon < \varepsilon(b)$ であれば，

$$\lambda_A(B) = \frac{\mu_n(A \cap B^N(b, \varepsilon))}{\Gamma_n(\varepsilon)}$$

である．

(2) $b, b' \in \mathring{B}$ であれば，$\varepsilon < \min(\varepsilon(b), \varepsilon(b'))$ ととれば，b から b' への平行移動により，$A \cap B^N(b, \varepsilon)$ を $A \cap B^N(b', \varepsilon)$ に重ねることができる．——

$\lambda_A{}^k$ によって，A のすべての k 面の A での内角の総和を表わし，また A の面 B に対して，$\lambda_{A/B}{}^k$ により，B を面とするすべての A の k 面の A での内角の総和を表わす．すなわち，単体 C の次元を $|C|$ と表わせば，

$$\lambda_A{}^k = \sum_{\substack{C \leq A \\ |C|=k}} \lambda_A(C), \qquad \lambda_{A/B}{}^k = \sum_{\substack{B \leq C \leq A \\ |C|=k}} \lambda_A(C), \qquad k \geqq |B|$$

ということである．

補題1.3 A の $n-p$ 面 B に対して，つぎが成立する．

$$\{1-(-1)^p\} \cdot \lambda_A(B) = \sum_{s=0}^{p-1} (-1)^s \cdot \lambda_{A/B}{}^{n-s} \qquad \text{(Poincaré の定理)}$$

とくに，

$$\sum_{s=0}^{n}(-1)^s\cdot\lambda_A{}^s=0 \quad \text{あるいは} \quad \sum_{s=0}^{n-1}(-1)^s\cdot\lambda_A{}^s=(-1)^n \quad \text{(Thalēs-本間の定理)}$$

が成立する．

証明 n 単体 A の $n+1$ 個の $n-1$ 面を $A_0, \cdots, A_n$ とすれば，各 $\bar{A}_i$ は n 次元アフィン空間 $\bar{A}$ を半空間 $A_i{}^+, A_i{}^-$ に分離する．$A_i{}^+$ は A を含む側であるとする．すなわち，$A=\bigcap_{i=0}^{n}A_i{}^+$ とする．添字集合 $I=\{0, 1, \cdots, n\}$ の部分集合 $J=\{j_1, \cdots, j_s\}$ に対して，A の $n-s$ 面 A_J が

$$A_J=\bigcap_{k=1}^{p}A_{j_k}, \qquad p=0 \text{ すなわち } I=\phi \text{ のとき } A_\phi=A$$

によって定まり，逆に，A の $n-s$ 面 C に対して J が定まり，$A_J=C$ となる．かくして，$J\mapsto A_J$ によって，$I=\{0, 1, \cdots, n\}$ の 2^{n+1} 個の部分集合の全体と A の面の全体が 1 対 1 に対応する．さらに，$J\subset I$ であれば，$A_I\leqq A_J$ であるから半順序は逆向きに保存される．A_J の内点 a に対し，$\varepsilon=\pm$ として，

$$A_J{}^\varepsilon=\bigcap_{k=1}^{s}A_{j_k}{}^\varepsilon, \qquad \mu(A_J{}^\varepsilon)=\frac{\mu_n(A_J{}^\varepsilon\cap B^N(a, 1))}{\Gamma_n(1)}$$

と定義する．

$A_J{}^+\cap A_J{}^-=\bar{A}_J$ であるから $A_J\neq\phi$，すなわち，$J\neq I$ であれば，$\bar{A}_J$ に関する対称変換により，

$$\mu(A_J{}^+)=\mu(A_J{}^-) \qquad \text{(対頂角の相等)}$$

が成立する．一方，内角の定義により，つぎが成立する．

$$\lambda_A(A_J)=\mu(A_J{}^+).$$

μ は測度の性質をもち，$A=A_\phi$ に対して，$\mu(A^+)=1$ である．

与えられた A の面 B に対し，$B=A_{I_0}$ であるとすれば，$I_0=\{i_1, \cdots, i_p\}\neq I$，すなわち，$B\neq\phi$ のとき，

$$\begin{aligned}\lambda_A(B)&=\mu(A_{I_0}{}^-)=\mu\left(\bigcap_{k=1}^{p}(\bar{A}-A_{i_k}{}^+)\right)\\&=\sum_{s=0}^{p}(-1)^s\sum_{\substack{J\subset I_0\\ \sharp J=s}}\mu(A_J{}^+)=\sum_{s=0}^{p}(-1)^s\cdot\lambda_{A/B}{}^{n-s}\\&=\sum_{s=0}^{p-1}(-1)^s\cdot\lambda_{A/B}{}^{n-s}+(-1)^p\cdot\lambda_A(B)\end{aligned}$$

を得る．よって

$$\{1-(-1)^p\}\cdot\lambda_A(B)=\sum_{s=0}^{p-1}(-1)^s\cdot\lambda_{A/B}{}^{n-s}$$

が成立する．$B=A$，すなわち，$I_0=I$ のときには，A の頂点 $a=A_1\cap\cdots\cap A_n$ に注目し，L_0 を $\bar{A}_0$ と平行で a を通るアフィン平面とするとき，$L_0{}^+\subset A_0{}^+$ となるように $L_0{}^+, L_0{}^-$ を定める．$0\notin J(\subset I)$ に対して，$L_0{}^+$ は $A_0{}^+$ を平行移動したものであるから，

$$\mu(L_0{}^+\cap A_J{}^+)=\mu(A_{\{0,J\}}{}^+)\qquad(\text{同位角の相等})$$

が成立する．さらに，

$$L_0{}^+\cap A_1{}^+\cap\cdots\cap A_n{}^+=L_0{}^-\cap A_1{}^-\cap\cdots\cap A_n{}^-=\phi$$

であるから，

$$\mu(L_0{}^-\cap A_1{}^-\cap\cdots\cap A_n{}^-)=\mu(L_0{}^+\cap A_1{}^+\cap\cdots\cap A_n{}^+)=0$$

により，上と同様にして，

$$\begin{aligned}0&=\mu(\bar{A})+\sum_{s=1}^{n}(-1)^s\Bigg(\sum_{\substack{J\subset I-\{0\}\\ \sharp J=s}}\mu(A_J{}^+)+\sum_{\substack{K\subset I-\{0\}\\ \sharp K=s-1}}\mu(L_0{}^+\cap A_K{}^+)\Bigg)\\&\qquad+\mu(L_0{}^+\cap A_1{}^+\cap\cdots\cap A_n{}^+)\\&=\sum_{s=0}^{n}(-1)^s\sum_{\substack{J\subset I\\ \sharp J=s}}\mu(A_J{}^+)=\sum_{s=0}^{n}(-1)^s\cdot\lambda_A{}^{n-s}\\&=(-1)^n\cdot\sum_{s=0}^{n}(-1)^s\cdot\lambda_A{}^s,\end{aligned}$$

すなわち，$\lambda_A{}^n=\lambda_A(A)=1$ より，

$$\sum_{s=0}^{n}(-1)^s\cdot\lambda_A{}^s=0\quad\text{あるいは}\quad\sum_{s=0}^{n-1}(-1)^s\cdot\lambda_A{}^s=(-1)^n$$

が成立する．▌

例 1.17 A を 2 単体(三角形)とし，三つの頂点 $a_0(=a_3)$，a_1，a_2 に対し，

$$\sum_{i=0}^{2}\lambda_A(a_i)-\sum_{i=0}^{2}\lambda_A(a_i*a_{i+1})+\lambda_A(A)=0$$

を得る．$\lambda_A(a_i*a_{i+1})=1/2$，$\lambda_A(A)=1$ であるから，

$$\lambda_A(a_0)+\lambda_A(a_1)+\lambda_A(a_2)=\frac{3}{2}-1=\frac{1}{2}$$

が成立する．三角形 A の頂点 a_i での初等幾何学の意味での内角 $\angle(a_i,A)$ は $2\pi\cdot\lambda_A(a_i)$ で与えられる．

したがって，

$$\angle(a_0, A)+\angle(a_1, A)+\angle(a_2, A)=\pi\ (\text{平角}) \qquad (\text{Thalēs の定理})$$

がえられる．(図 1.14)

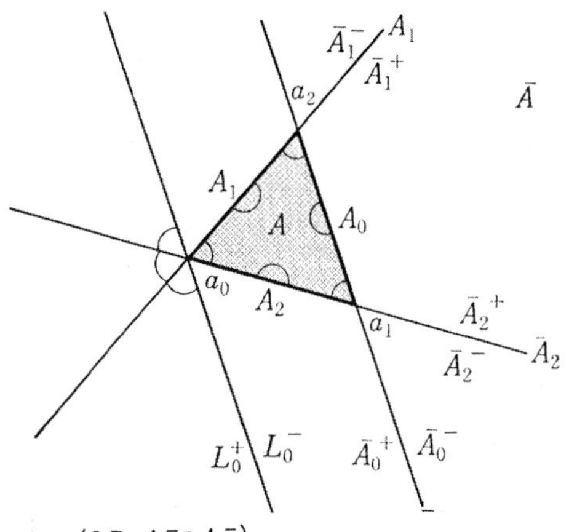

$$\begin{aligned}0&=\mu(L_0^-\cap A_1^-\cap A_2^-)\\&=\mu(\bar{A})-(\mu(A_1^+)+\mu(A_2^+)+\mu(L_0^+))+\mu(A_{12}^+)\\&\quad+\mu(A_1^+\cap L_0^+)+\mu(A_2^+\cap L_0^+)-\mu(A_1^+\cap A_2^+\cap L_0^+)\end{aligned}$$

図 1.14

b) n 次元単体的複体の m 次元内角和と外角和

K を n 次元有限単体的複体とする．K の単体 A, B に対し，B の A における内角 $\lambda_A(B)$ は $A\geqq B$ のとき定義されていたが，そうでないときには $\lambda_A(B)=0$ として拡張する．そして，K の単体 B に対し，B の K における内角 $\lambda_K(B)$ を

$$\lambda_K(B)=\sum_{\substack{A\in K\\|A|=n}}\lambda_A(B) \quad \text{すなわち} \quad \lambda_K=\sum_{\substack{A\in K\\|A|=n}}\lambda_A$$

と定義する．B の K における外角 $\kappa_K(B)$ を

$$\kappa_K(B)=1-\lambda_K(B)$$

と定義する．$k=0, 1, \cdots, n$ に対して，K の k 次元内角和 $\lambda_k(K)$，k 次元外角和 $\kappa_k(K)$ を

$$\lambda_k(K)=\sum_{\substack{B\in K\\|B|=k}}\lambda_K(B), \qquad \kappa_k(K)=\sum_{\substack{B\in K\\|B|=k}}\kappa_K(B)$$

と定義し，その交代和を

$$\lambda(K) = \sum_{k=0}^{n}(-1)^k\cdot\lambda_k(K), \qquad \kappa(K) = \sum_{k=0}^{n}(-1)^k\cdot\kappa_k(K)$$

とおく.

問1.18 K の k 単体の個数を α_k, K の Euler 標数を $\chi(K)$ とするとき,

$$\lambda(K) = \sum_{B\in K}(-1)^{|B|}\lambda_K(B), \qquad \kappa(K) = \sum_{B\in K}(-1)^{|B|}\kappa_K(B),$$

$$\kappa_k(K) = \alpha_k - \lambda_k(K), \qquad \kappa(K) = \chi(K) - \lambda(K)$$

が成立する.

定理1.6 (PL Gauss-Bonnet の定理) n 次元有限複体 K に対して,

$$\kappa(K) = \chi(K)$$

が成立する.

証明 問1.18より, $\kappa(K)=\chi(K)-\lambda(K)$ であるから, $\lambda(K)=0$ をいえばよい.

$$\lambda(K) = \sum_{k=0}^{n}(-1)^k\cdot\lambda_k(K) = \sum_{k=0}^{n}(-1)^k\cdot\sum_{\substack{B\in K\\|B|=k}}\lambda_K(B)$$

$$= \sum_{k=0}^{n}(-1)^k\cdot\sum_{\substack{B\in K\\|B|=k}}\sum_{\substack{A\in K\\|A|=n}}\lambda_A(B) = \sum_{\substack{A\in K\\|A|=n}}\sum_{k=0}^{n}(-1)^k\cdot\sum_{\substack{B\in K\\|B|=k}}\lambda_A(B)$$

$$= \sum_{\substack{A\in K\\|A|=n}}\left\{\sum_{k=0}^{n}(-1)^k\cdot\sum_{\substack{B\leqq A\\|B|=k}}\lambda_A(B)\right\} = 0,$$

ここで最後の等式は補題1.3 (Thalēs-本間の定理)による. ∎

この定理の応用として, つぎの Euler 標数の組合せ不変性が得られる.

系(n) n 次元有限単体的複体 K の単体的細分 L に対して, $\chi(K)=\chi(L)$ が成立する. よって, とくに, $(L, \partial L)$ が n 次元単体 A に対する $(A, \partial A)$ の細分であれば,

$$\chi(L) = 1, \qquad \chi(L-\partial L) = (-1)^n$$

が成立する.

証明 次元 n に関する帰納法で証明する. $n=0$ で自明であるから, $n-1$ で成立するとする. まず,

[主張] n 単体 A の単体分割を L とし, L の ∂A への制限を ∂L とする. $\chi(L)=1$, $\chi(L-\partial L)=(-1)^n$ が成立する.

[主張の証明] PL Gauss-Bonnet の定理により,

$$\chi(L)=\sum_{B\in L}(-1)^{|B|}\cdot\kappa_L(B)$$

が成立する．$B\in L-\partial L$ であれば，$\mathring{B}\subset\mathring{A}$ であるから，

$$\lambda_L(B)=\lambda_A(B)=1 \quad \text{より} \quad \kappa_L(B)=0$$

を得る．$B\in\partial L$ であれば，或る $C<A$ に対して，$\mathring{B}\subset\mathring{C}$ であるから，

$$\lambda_L(B)=\lambda_A(C) \quad \text{より} \quad \kappa_L(B)=\kappa_A(C)$$

を得る．よって，L の $C(<A)$ への制限を L_C と表わせば，

$$\chi(L)=\sum_{C<A}\left(\sum_{B\in L_C-\partial L_C}(-1)^{|B|}\cdot\kappa_L(B)\right)=\sum_{C<A}\left(\sum_{B\in L_C-\partial L_C}(-1)^{|B|}\right)\cdot\kappa_A(C)$$
$$=\sum_{C<A}\chi(L_C-\partial L_C)\cdot\kappa_A(C).$$

$|C|\leqq n-1$ より，帰納法の仮定(系$(n-1)$)から，$\chi(L_C-\partial L_C)=(-1)^{|C|}$ であるから，

$$\chi(L)=\sum_{C<A}(-1)^{|C|}\cdot\kappa_A(C)$$
$$=\sum_{C\leqq A}(-1)^{|C|}\cdot\kappa_A(C)-(-1)^{|A|}\cdot\kappa_A(A)$$
$$=\chi(A)=1.$$

ここで $\kappa_A(A)=0$ および PL Gauss-Bonnet の定理を使用した．帰納法の仮定から，$\chi(\partial L)=\chi(\partial A)=1-(-1)^n$ であるから，

$$\chi(L-\partial L)=\chi(L)-\chi(\partial L)=1-\{1-(-1)^n\}=(-1)^n$$

が成立する．これで主張は証明された．

もどって系(n)の証明を行なう．K の細分 L の K の $n-1$ 骨格 $K_{(n-1)}$ への制限を L_1 とおき，K の n 単体 A への制限を L_A とおくと，帰納法の仮定と主張により，

$$\chi(L)=\chi(L_1)+\sum_{\substack{A\in K\\|A|=n}}\chi(L_A-\partial L_A)$$
$$=\chi(K_{(n-1)})+\sum_{\substack{A\in K\\|A|=n}}(-1)^n=\chi(K)$$

を得る．▌

問 1.19 $\quad \lambda(K;x)=\sum_{k=-1}^{n}\lambda_k(K)\cdot x^{k+1},\qquad \lambda_{-1}(K)=\dfrac{\lambda(K)}{2}$

は対称であることを示せ．

[ヒント]　§1.1, e) の $\chi(K;x)$ の場合と同様に, $p=0,\cdots,n$ に対し, つぎの等式を補題1.1から導く.

$$\{1-(-1)^p\}\cdot\lambda_{n-p}(K)=\sum_{s=0}^{p-1}\binom{n+1-s}{n+1-p}\cdot(-1)^s\cdot\lambda_{n-s}(K).$$

問 1.20　　$$\kappa(K;x)=\sum_{k=-1}^{n}\kappa_k(K)\cdot x^{k+1},\qquad \kappa_{-1}(K)=\frac{\chi(K)}{2}$$

は K が Euler 複体であれば対称であることを示せ. (問1.19の系である. 実際, $\kappa(K;x)=\chi(K;x)-\lambda(K;x)$ が成立する.)

注意　この事実から, §1.1, e) の問1.13の結果を適用して, $\lambda_k(K)$ の間の算術的関係を Bernoulli 数を使って表示できる.

問 1.21　胞体的複体に対する Euler 標数の細分不変性を示せ.

[ヒント]　内角等は胞体に対しても定義されることに注意する.

第2章　多面体のトポロジー

この章以下は複体といえば，ことわりのない限り単体的複体をさすものとする．

§2.1　多面体と PL 写像

a）単体的複体の間の単体写像

単体的複体 K から L への**単体写像** $f: K \to L$ とは，連続写像 $f: |K| \to |L|$ でつぎの2条件を満たすものをいう．

(1)　K の各単体 A に対し，$f(A)$ は L の単体で，

(2)　f の A への制限 $f|A: A \to f(A)$ は線型である．

全単射である単体写像 $f: K \to L$ は(単体的複体の間の)**同型**と呼ばれ，K と L は同型であるという．同型 f の逆写像 $f^{-1}: |L| \to |K|$ も同型である．

例2.1　胞体的複体 K の導細分 K' は K の各胞体 A_k の内点 a のとり方によっていた．しかし，内点のとり方をかえても得られた導細分は互いに同型になる．すなわち，同型を除いて一意的に定まる．すなわち，もう一つの導細分 K_1' が K の各胞体 A の内点 a' を与えて得られるとすれば，

同型 $f: K' \to K_1'$ が存在して，K の各胞体 A に対し，$f(A) = A$ が満たされる．

実際，K', K_1' の頂点は，K の胞体 A_i の内点 a_i, a_i' からなる．a_i を a_i' にうつす写像を $|K'| \to |K_1'|$ に K' の各単体上線型に拡大したものが求める $f: K' \to K_1'$ である．

b）多面体と PL 写像

$\boldsymbol{R}^N$ の部分集合 P が**多面体的**であるとは，P が複体 K でおおわれるときをいう．K を P の**分割**という．K が胞体的(単体的)複体のとき，**胞体(単体)分割**という．K' が K の細分ならば，K' も P の分割となる．胞体分割は単体化されるので，以後 P の分割は単体分割に限ることにする．P の単体分割の全体を $\varDelta(P)$ と表わす．P の分割 K, L に対し，定理1.4により，K, L の共通細分が存在す

るので，$\Delta(P)$ は細分関係 $\lhd$ に関して有向集合をなす．多面体 P の分割の細分で不変な性質をしらべるのが PL トポロジーの一つの目標である．そこで，P と $\Delta(P)$ を一緒に考えたものを**多面体**(polyhedron)という．$\Delta(P)$ はしばしば省略する．

多面体 P, Q の間の連続写像 $f: P \to Q$ が **PL** (piecewise linear) であるとは，P, Q の分割 K, L を適当にとったとき，f が K, L に対し，つぎの**単体線型性**をもつときをいう；

K の各単体 A に対し，L の単体 B が存在し，$f(A) \subset B$ で，f の A への制限 $f|A: A \to B$ が線型である．

全単射である PL 写像 $f: P \to Q$ は **PL 同相**あるいは**同型**と呼ばれ，P, Q は PL **同型**であるという．$P \cong Q$ と表わす．f が K, L に対し単体線型性をもつとき，K の細分 K' について，f は K', L に対し単体線型性をもつ．L の細分 L' については，つぎの命題が成立する．

命題 2.1　f が K, L に対し単体線型性をもてば，L の細分 L' が与えられると K の細分 K' をとって，f が K', L' に対し単体線型性をもつようにすることができる．

証明　L' の各単体 B，K の各単体 A に対し，$f^{-1}(B) \cap A$ は胞体である．

$$f^*(L') = \{f^{-1}(B) \cap A \mid A \in K,\ B \in L'\}$$

とおくと，これは K の胞体的細分で，単体化 K' が求めるものである．▌

系(PL 圏の成立)　P, Q, R を多面体，$f: P \to Q$，$g: Q \to R$ を PL 写像とする．合成 $g \circ f: P \to R$ も PL 写像である．したがって，多面体と PL 写像は圏(category)をなす．

証明　f が $K \in \Delta(P)$, $L \in \Delta(Q)$ に対し，g が $M \in \Delta(Q)$, $N \in \Delta(R)$ に対し単体線型性をもつとする．L と M の共通細分 H が存在する．命題より，K の細分 G が存在し，f は G, H に対し単体線型性をもつ．よって，$g \circ f$ は G, N に対し単体線型性をもつ．▌

PL 写像 $f: P \to Q$ が**固有**であるとは，Q のコンパクト集合の逆像がコンパクトとなるときをいう．

定理 2.1 (固有 PL 写像の単体分割)　固有 PL 写像 $f: P \to Q$ に対し，P, Q の分割 K, L が存在し，$f: K \to L$ は単体写像となる．

$f: K\to L$ は $f: P\to Q$ の**単体分割**と呼ばれる．

証明　f が $G\in \varDelta(P)$, $H\in \varDelta(Q)$ に対し単体線型性をもつとする．H の各単体 B に対し，f は固有であるから，K の単体 A で $f(A)\subset B$ となるものは有限個 $A_1, \cdots, A_k$ しかない．$f|A_i: A_i\to B$ は線型であるから，$D_i=f(A_i)$ は B の中の胞体である．定理 1.5 の系 2 を $\boldsymbol{D}_1, \cdots, \boldsymbol{D}_k$ と $\boldsymbol{B}$ に適用し，$\boldsymbol{B}$ の細分 $\boldsymbol{B}'$ をとり各 D_i が $\boldsymbol{D}_i$ の細分である部分複体 $\boldsymbol{D}_i'$ でおおわれるようにすることができる．$L_0=H_{(0)}$ (H の 0 骨格) とおく．H の $m-1$ 骨格 $(m\geqq 1)$ $H_{(m-1)}$ の細分 L_{m-1} を H の各単体 B に対し，$\boldsymbol{B}'$ の $(\boldsymbol{B})_{(m-1)}$ への制限を細分したものが L_{m-1} の部分複体となるようにとれたとする．H の m 単体 B に対し，$B\leqq D$ となる H の単体 D の分割 $\boldsymbol{D}'$ を $\boldsymbol{B}$ へ制限し，$\boldsymbol{B}'$ との共通細分を $\boldsymbol{B}''$ とおく．このとき，$\partial\boldsymbol{B}\subset H_{(m-1)}$ より，$\boldsymbol{B}''$ の $\partial\boldsymbol{B}$ への制限は L_{m-1} の $\partial\boldsymbol{B}$ への制限と一致しているとしてよい．$L_m=L_{m-1}\cup(\bigcup\boldsymbol{B}'')$ とおく．ここで $B\in H$, $|B|=m$ について $\bigcup$ をとる．そのとき L_m は $H_{(m)}$ の細分で，L_{m-1} を部分複体とし，H の各単体 D に対し，$\boldsymbol{D}'$ の $(\boldsymbol{D})_{(m)}$ への制限の細分は L_m の部分複体となる．かようにして，H の細分 L で，H の各単体 B に対し，$\boldsymbol{B}'$ の細分が部分複体となるものが存在する．

$f^*(L)=\{f^{-1}(B)\cap A \mid A\in G, B\in L\}$ は G の胞体的細分となる．この単体化を K とおけば，$f: K\to L$ は単体写像となる．これが求めるものである．▌

系 (PL 同相の単体分割)　PL 同相 $f: P\to Q$ に対し，単体分割 $f: K\to L$ が存在する．したがって，P, Q が PL 同型であるということと P, Q が同型な分割を有するということとは同値である．——

証明は PL 同相は同相写像であるからコンパクトの逆像はコンパクトで固有となることによる．

注意　PL 自己同相 $f: P\to P$ に対し，P の分割 K が存在し，かつ $f: K\to K$ が同型となるということは一般に成立しない．たとえば，1 単体である閉区間 $J=[-1,1]$ に対し，$[-1,0]$ を $[-1,-1/2]$，$[0,1]$ を $[-1/2,1]$ に線型に重ねる PL 写像 $f: J\to J$ が得られるが，$f\circ\cdots\circ f(-1/2)=f^n(-1/2)=1/2^n-1$ であるから，J のどんな分割 K に対しても $f: K\to K$ は単体写像でない．(図 2.1)　すなわち，一般には P の分割 K, L に対し，$f: K\to L$ が同型となるということしかいえない．

c) いくつかの例

例 2.2　直線 $\boldsymbol{R}$ は多面体である．たとえば，$\boldsymbol{R}$ は整数点 $\boldsymbol{Z}=\{\cdots,-2,-1,0,1,2,\cdots\}$ を頂点とし，$\{[n,n+1] \mid n\in\boldsymbol{Z}\}$ を 1 単体とする複体でおおわれる．これを

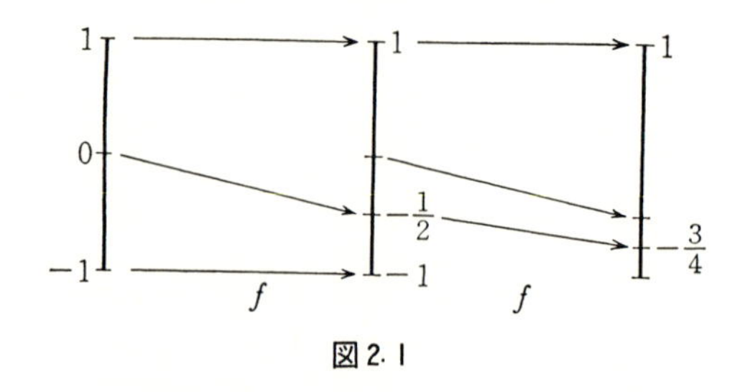

図2.1

$\boldsymbol{R}$ の単位分割とよび $\varDelta_1=\varDelta$ と表わす．また，かってな正数 ε に対し，$\varepsilon\boldsymbol{Z}=\{\varepsilon\cdot n\mid n\in\boldsymbol{Z}\}$ を頂点とし，$\{[\varepsilon n,\varepsilon(n+1)]\mid n\in\boldsymbol{Z}\}$ を1単体として $\boldsymbol{R}$ の ε 分割 $\varDelta_\varepsilon$ が得られる．$|\varDelta_\varepsilon|=\boldsymbol{R}$ であるということは，Archimēdēs の公理によって保証される．

例 2.3　多面体 P,Q の直積 $P\times Q$ は多面体である．実際，K,L を P,Q の分割とすれば，

$$K\times L=\{A\times B\mid A\in K, B\in L\}$$

は胞体的複体で，$P\times Q$ の胞体分割である．$K\times L$ は**積複体**とよばれる．$\boldsymbol{R}^N\supset P, Q$ のとき，$P\times Q$ は $\boldsymbol{R}^{2N}$ の多面体である．

したがって，n 次元 Euclid 空間 $\boldsymbol{R}^n$ は多面体である．$\boldsymbol{R}$ の ε 分割 $\varDelta_\varepsilon$ の n 個の積複体 $\varDelta_\varepsilon\times\cdots\times\varDelta_\varepsilon$ は $\boldsymbol{R}^n$ の ε 網とよばれる．

例 2.4　$\boldsymbol{R}^n$ の開集合 U は多面体である．$n=1$ のときは，$1/2^k$ 分割を考える．まず $\varDelta_1$ の区間で U に含まれるものを S_0 とする．つぎに $\varDelta_{1/2}$ の区間で $|S_0|$ に含まれず U に含まれるものを S_1 とする．このようにして $k\geqq2$ に対して S_{k-1} が得られたとし，S_k は $\bigcup_{i=0}^{k-1}|S_i|$ に含まれず U に含まれる $\varDelta_{1/2^k}$ の区間を集めたものとする．$S_k\subset\varDelta_{1/2^k}$ で，S_k の複体化 $\bar{S}_k$ が考えられる．$\bigcup_{k=0}^{\infty}\bar{S}_k$ が U の単体分割を与える．$n\geqq2$ のときは，ε 網について同様の構成をして，各胞体の境界をうまく ε 網で分割し，星化して単体分割が得られる．(図 2.2)　——

一般に，多面体の開集合は多面体となる．このことから，多面体の位相，とくに，局所位相に関する PL 圏——局所 PL 圏——が意味をもつ．古典的には，多面体の1点 x の局所的性質はその単体分割 K の星複体 $\mathrm{St}(x,K)$ でおおわれる閉単体的星状近傍 $st(x,K)$，あるいはからみ体 $lk(x,K)$ でとらえられていた．

重要な注意　多面体 P の開集合 U は多面体で，包含写像 $i:U\subsetneq P$ は PL 写像である．しかし，自明な場合を除けば，$i:U\subsetneq P$ は単体分割をもたない．すなわち，U の分割で P の分割の部分複体となるものは存在しない．(局所有限性の条件による．)

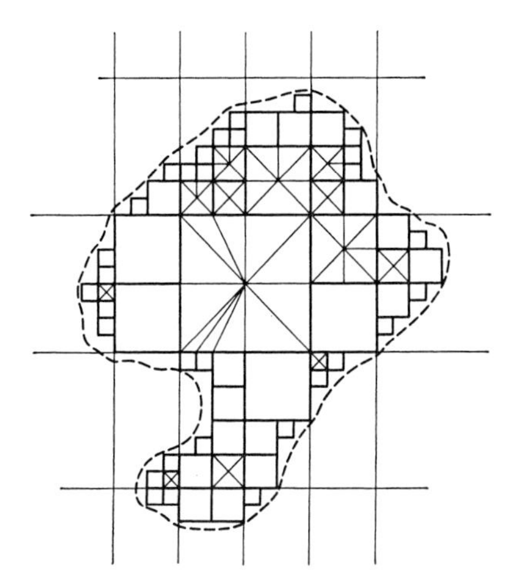

図2.2　開集合の単体分割

d）多面体の接合とPL投射

多面体 P, Q が**可接合**であるとは，P, Q の分割 K, L が可接合のときをいう．このとき，$|K*L|$ を P と Q の**接合**といい，これを $P*Q$ と表わす．$P*Q$ と表わせば，P と Q は可接合であることは了解されているとする．したがって，P と Q はコンパクトでなくてはならない．P が1点 a のとき，$a*Q$ を Q の**錐** (cone) という．PL写像 $f: P\to R$, $g: Q\to S$ の接合 $f*g: P*Q\to R*S$ が f, g の単体分割の頂点同士の対応を線型に拡張して定義される．$f*g$ は f と g の**接合**と呼ばれる．P, R がそれぞれ点 a, b のとき，$f*g$ を g の**錐拡大**という．

例2.5　胞体 A に対し，A の内点 a と ∂A は可接合で，

$$a*\partial A = A$$

が成立する．

例2.6　P を多面体とする．P の各点 x に対し，P のコンパクトな多面体 $\dot{P}_x$ が存在して，$x*\dot{P}_x$ は x の P における閉近傍となる．実際，$P=|K|$ とすれば，$\dot{P}_x=lk(x, K)$ とおけば，$x*\dot{P}_x=x*lk(x, K)=st(x, K)$ となる．同様に，K の単体 A に対し，$st(A, K)=A*lk(A, K)$ が成立する．

例2.7　$P\subset \boldsymbol{R}^n$, $Q\subset \boldsymbol{R}^m$ をコンパクトな多面体とする．$\boldsymbol{R}^n, \boldsymbol{R}^m$ を $\boldsymbol{R}^{n+m+1}$ の中のねじれの位置にある n 次元平面 $\boldsymbol{R}^n\times 0\times 0^m$，$m$ 次元平面 $0^n\times 1\times \boldsymbol{R}^m$ と同

一視すれば，P と Q は可接合で，P と Q の接合 $P*Q$ が PL 同型のもとに一意的に定まる．

e）PL 投射

A, B を n 胞体とし，$A \subset B$ とする．多面体 P, Q がそれぞれ A, B と可接合で，$A*P \subset B*Q$ であるとする．このとき，写像 $\pi: P \to Q$ を，P の各点 x に対し，$A*x$ を含むアフィン $n+1$ 平面の A から x へ向かう半平面 $\overrightarrow{A*x}$ と Q の交点 y を対応させることにより定義する．$\overrightarrow{A*x} \cap Q$ は必ずただ1点存在するので，写像 $x \mapsto y = \pi(x)$ が完全に定義される．可接合の条件は，さらに π が単射であることも保証する．しかし，π は一般に PL 写像でない．π をつぎのように PL 写像にとりなおして P から Q への PL 投射が得られる．K, L を P, Q の単体分割とする．

$$\{C \cap \overrightarrow{A*D} \mid C \in L,\ D \in K\}, \qquad \text{ただし}\quad \overrightarrow{A*D} = \bigcup_{x \in D} \overrightarrow{A*x},$$

は L の胞体的細分で，その単体化を H とする．H に対応して，K の胞体的細分 $\{B \cap \overrightarrow{C*A} \mid B \in K, C \in H\}$ の単体化 G が得られる．このとき，G の各単体は π により H の単体にうつされる．G の頂点を π により H の頂点にうつす写像を G の各単体上線型に拡大し，PL 写像

$$\rho: P \longrightarrow Q$$

が得られる．これが求める P から Q への A 中心の **PL 投射**（pseudo-radial projection）である．A の内点 a に対し，$A*Q$ が a の $A*P$ における閉近傍であれば，π は全射となる．したがって，このとき PL 投射は PL 同型である．（図 2.3）

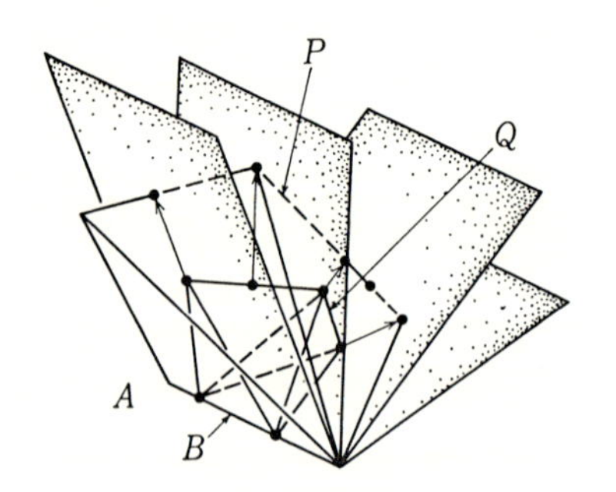

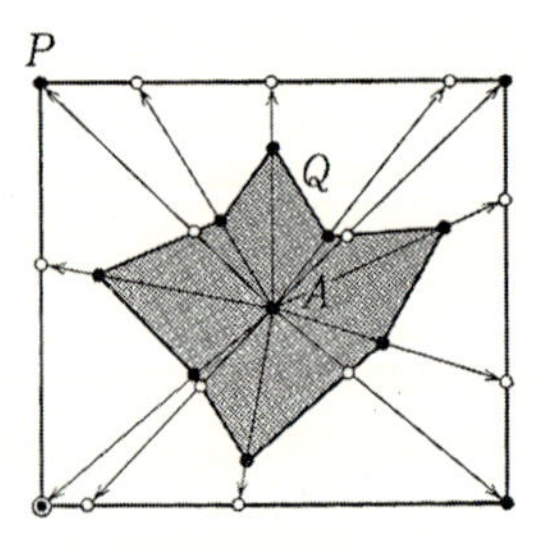

図 2.3　PL 投射（左），$A*Q \cong A*P$（PL 投射）（右）

例 2.8 次元の等しい胞体 A, B は PL 同型である．実際，$\boldsymbol{R}^N$ のアフィン変換により，$A\subset B$ と仮定できる．A の内点に対し，$a*\partial A$ は a の $a*\partial B=B$ における閉近傍であるから，∂A と ∂B は PL 投射により PL 同型，また，錐拡大で A と B が PL 同型となる．

定理 2.2 (Euler 標数の PL 不変性) K, L を有限胞体的複体とする．$|K|$ と $|L|$ が PL 同型ならば，$\chi(K)=\chi(L)$ が成立する．

証明 $|K|$ と $|L|$ は同型な単体分割 G, H をもつ．$\chi(G)=\chi(H)$ は明らかである．定理 1.5 (共通細分定理II) の系 1 より，K, L の何回かの導細分は G, H の細分となる．定理 1.6 系 (単体的複体の細分による Euler 標数の不変性) により，K の導細分 K' に対し，$\chi(K)=\chi(K')$ をみればよい．$\dim K\leqq n-1$ に対しこれが成立するとし，$\dim K=n$ とする．K の $n-1$ 骨格 $K_{(n-1)}$ に対し，

$$\chi(K) = \chi(K_{(n-1)})+\sum_{\substack{A\in K\\|A|=n}}(-1)^n,$$

$$\chi(K') = \chi((K_{(n-1)})')+\sum_{\substack{A\in K\\|A|=n}}\chi(\boldsymbol{A}'-(\partial\boldsymbol{A})')$$

および仮定から，$\chi(K_{(n-1)})=\chi((K_{(n-1)})')$ である．よって，$\chi(K)=\chi(K')$ をいうには，K の各 n 胞体に対し，

$$\chi(\boldsymbol{A}'-(\partial\boldsymbol{A})') = \chi(\boldsymbol{A}')-\chi((\partial\boldsymbol{A})') = (-1)^n$$

をいえば十分である．$\boldsymbol{A}'=\boldsymbol{a}*(\partial\boldsymbol{A})'$，および $\chi(\boldsymbol{a})=1$ であるから，例 1.7 より，

$$\chi(\boldsymbol{A}') = 1+\chi((\partial\boldsymbol{A})')-\chi((\partial\boldsymbol{A})') = 1$$

を得る．また，∂A と n 単体の境界は PL 同型であるから帰納法の仮定から，

$$\chi((\partial\boldsymbol{A})') = 1-(-1)^n$$

を得る．よって，$\chi(\boldsymbol{A}')-\chi((\partial\boldsymbol{A})')=(-1)^n$ が示された．∎

以後，コンパクト多面体 P に対し，**P の Euler 標数** $\chi(P)$ とは P の或る分割 K の Euler 標数 $\chi(K)$ のことであるとする．

命題 2.2 (星状近傍とからみ体の細分不変性) 単体的複体 K の単体的細分を L とする．同じ次元の単体 $A\in K$, $B\in L$ に対し，$B\subset A$ であるとする．このとき PL 同型

$$h:\ st(B,L)\longrightarrow st(A,K)$$

でつぎを満たすものが存在する；

$$h(B) = A, \qquad h(lk(B, L)) = lk(A, K).$$

証明 $st(B, L) = B * lk(B, L) \subset st(A, K) = A * lk(A, K)$

であるから PL 投射により，PL 同型 $\rho_2 : lk(B, L) \cong lk(A, K)$ が存在する．例 2.8 より，PL 同型 $\rho_1 : B \to A$ が存在する．$h = \rho_1 * \rho_2$ が求める PL 同型である．∎

命題 2.3 K, L を単体的複体とし，$(x, y) \in |K| \times |L|$ とする．つぎが成立する．

(1) $\mathrm{St}((x, y), K \times L) = \mathrm{St}(x, K) \times \mathrm{St}(y, L)$.

(2) $\mathrm{Lk}((x, y), K \times L) = \mathrm{Lk}(x, K) \times \mathrm{St}(y, L) \cup \mathrm{St}(x, K) \times \mathrm{Lk}(y, L)$.

(3) PL 同型 $h : (x, y) * (lk(x, K) \times y) * (x \times lk(y, L)) \to st((x, y), K \times L)$ が存在して，つぎの性質 (i), (ii) を満たす．

(i) $h \mid (st(x, K) \times y) \cup (x \times st(y, L)) = id$,

(ii) $h((lk(x, K) \times y) * (x \times lk(y, L))) = lk((x, y), K \times L)$.

証明 (1) は定義より，

$$\begin{aligned} \mathrm{St}((x, y), K \times L) &= \{A \times B \in K \times L \mid x \in A \text{ かつ } y \in B\} \\ &= \mathrm{St}(x, K) \times \mathrm{St}(y, L) \end{aligned}$$

である．(2) も定義および (1) より，

$$\begin{aligned} \mathrm{Lk}((x, y), K \times L) &= \{A \times B \in \mathrm{St}(x, K) \times \mathrm{St}(y, L) \mid (x, y) \notin A \times B\} \\ &= \mathrm{St}(A, K) \times \mathrm{Lk}(y, L) \cup \mathrm{Lk}(x, K) \times \mathrm{St}(y, L) \end{aligned}$$

となる．(3) は，

$$\begin{aligned} (x, y) * (lk(x, K) \times y) * (x \times lk(y, L)) &\subset (x, y) * lk((x, y), K \times L) \\ &= st((x, y), K \times L) \end{aligned}$$

に注意して，PL 投射の錐拡大として得られる PL 同型 h が求めるものとして得られる．∎

§2.2 導近傍の存在と一意性

a) PL 埋蔵と同位 (イソトピー)

多面体 P, Q の間の PL 単射を PL 埋蔵 (PL embedding) という．二つの PL 埋蔵 $f_0, f_1 : P \to Q$ が**同位である** (isotopic) とは，PL 埋蔵 $F : [0, 1] \times P \to [0, 1] \times Q$ (f_0 と f_1 の間の**同位** (isotopy) と呼ばれる) がつぎを満たすように存在するときをいう．

(1) 各 $t \in [0, 1]$ に対し，$F(t \times P) \subset t \times Q$ であり，このことから

$$F_t(x) = F(t, x), \qquad x \in Q$$

により定義される $F_t: P \to Q$ は PL 埋蔵である.

(2) $F_0 = f_0$, $F_1 = f_1$ となる.

さらに, P の部分集合 X に対し, 各 $(t, x) \in [0,1] \times X$ について $F_t(x) = F_0(x)$ のとき, f_0 と f_1 は X を動かさずに**同位(置)(イソトープ)**であるといわれる. F は X **を動かさない同位**とか $P-X$ **に台をもつ同位**と呼ばれる. Q の自己 PL 同相 $f: Q \to Q$ が Q の**全同位**(ambient isotopy) であるとは, f が恒等写像 id: $Q \to Q$ に同位であるときをいう. f と id の間の同位も f の**全同位**という. f が Q の部分集合 Y を動かさずに id に同位のとき, f のことを Y **を動かさない全同位**という. Q の部分集合 A, B に対し, Q の全同位 f が存在して, $f(A) = B$ となるとき, A と B は互いに**全同位である**(ambient isotopic) といわれる. 二つの PL 埋蔵 $f_0, f_1: P \to Q$ に対し, 全同位 $f: Q \to Q$ で $f \circ f_0 = f_1$ を満たすものが存在するとき, f_0 と f_1 は**互いに全同位**であるといわれる. f は f_0 と f_1 **の間の全同位**と呼ばれる. PL 埋蔵の同位, 全同位の関係は同値関係で, Q の部分集合 X の全同位類の決定はいわゆる Klein の意味での幾何学となる.

b) (PL) 球体と球面

n 単体 A に PL 同型な多面体 B を (PL) n 球体という. $n+1$ 単体 A の境界 ∂A に PL 同型な多面体 S を (PL) n 球面という. すべての n 胞体は n 球体で, その境界は $n-1$ 球面である. n 球体 B に対し, n 単体 A からの PL 同相 $f: A \to B$ を B の**モデル化**といい, $f(\partial A)$ を B の境界といい, ∂B と表わす. B の境界は $n-1$ 球面である. $\mathring{B} = B - \partial B$ と表わし, これを B の**内部**と呼ぶ.

命題 2.4 B, C を二つの n 球体とする. PL 同相 $h: \partial B \to \partial C$ は PL 同相 H: $B \to C$ に拡大できる. さらに 2 点 $p \in \mathring{B}$, $q \in \mathring{C}$ が与えられているとき, $H(p) = q$ とすることができる.

証明 (*) n 単体(モデル)への還元; $f: A \to B$, $g: A \to C$ をモデル化とする. $f^{-1}(p) = x$, $g^{-1}(q) = y$ とおく. $A = x * \partial A = y * \partial A$ であるから, PL 同相

$$h' = g^{-1} \circ h \circ f : \partial A \longrightarrow \partial A$$

は錐拡大により, PL 同相 $H': A \to A$ で $H'(x) = y$ となるものに拡大される. $g \circ H' \circ f^{-1}$ が求める PL 同型である. ▮

命題 2.5 球面 B の自己 PL 同型 $f: B \to B$ の ∂B への制限 $f|\partial B: \partial B \to \partial B$

の全同位 $G: I\times\partial B\to I\times\partial B$ は f の全同位 $F: I\times B\to I\times B$ へ拡大される，ただし $I=[0,1]$．とくに，$f|\partial B=id$ のとき f は ∂B を動かさない全同位である．

証明 モデル化をとり B を n 単体としてよい．$\partial(I\times B)=I\times\partial B\cup\partial I\times B$，ただし $\partial I=\{0,1\}$ に注意する．PL 同相 $H:\partial(I\times B)\to\partial(I\times B)$ をつぎによって定義する．

$$H(1,x)=(1,f(x)),\qquad x\in B,$$
$$H(0,x)=(0,x),\qquad x\in B,$$
$$H(t,x)=G(t,x),\qquad (t,x)\in I\times\partial B.$$

H の錐拡大 $F: I\times B\to I\times B$ が求めるものである．▌

命題 2.6 多面体 P の自己 PL 同型 $f: P\to P$ が P の或る分割 K の各胞体 A に対し，$f(A)=A$ を満たせば f は全同位である．さらに，K の部分複体 L に対し，$f||L|=id$ のとき，f は $|L|$ を動かさない全同位である．

証明 K の骨格ごとに f の id への同位を構成する．K の k 骨格 $K_{(k)}$ に対し，$J_k=L\cup K_{(k)}$ とおく．同位 $F_k: I\times|J_k|\to I\times|J_k|$ を，$k=0$ のとき $F_0=id$ と定義し，$f||J_{k-1}|$, $k\geqq 1$, の全同位 $F_{k-1}: I\times|J_{k-1}|\to I\times|J_{k-1}|$ が F_{k-2} を拡大するように定義されたとする．$K-L$ の各 k 胞体 A に対し $\partial A\subset J_{k-1}$ より，F_{k-1} の $I\times\partial A$ への制限は $f_{k-1}|\partial A$ の全同位で，命題 2.5 よりこれは $f|A$ の全同位へ拡大する．こうして，F_{k-1} は $F_k: I\times|J_k|\to I\times|J_k|$ へ拡大される．▌

c) 部分多面体と正則分割

多面体 P の部分集合 Q が P の**部分多面体** (subpolyhedron) であるとは，P の或る分割 K の部分複体 L が Q をおおうときをいう．$(P,Q)=|K,L|$ と表わし，対 (K,L) を (P,Q) の分割という．L が K で**正則** (full あるいは complete) であるとは，$K-L$ の各胞体 A に対し，$A\cap|L|$ が L のただ一つの胞体であるときをいう．このとき，(K,L) は (P,Q) の**正則分割**といわれる．

例 2.9 胞体 A に対し，∂A は A で正則でない．しかし，その導細分 A' に対し，$(\partial A)'$ は A' で正則となる．実際 $\sigma\in A'-(\partial A)'$ のとき，σ は A の内点 a と $(\partial A)'$ の単体 τ に対し，$\sigma=a*\tau$ と表わされるからである．

問 2.1 複体の対 (K,L) に対し，その導細分 (K',L') は正則である．——

以後，多面体の対 (P,Q) の分割 (K,L) は単体的なものに限ることにする．すると，(K,L) に対する**特性関数** $f:(K,L)\to(I,\{0\})$ が，L に属する頂点を 0，L

に属さない頂点を1にうつすKから$\boldsymbol{I}$への単体写像として定義される．ただし，$\boldsymbol{I}$は複体$\{I=[0,1],0,1\}$である．

問2.2　(K,L)が正則である必要十分条件は(K,L)の特性関数$f:K\to\boldsymbol{I}$に対し，$f^{-1}(0)=|L|$であることである．——

(K,L)を多面体の対(P,Q)の正則分割とする．このとき，(K,L)の導細分(K',L')に対し，L'のK'における閉単体的近傍$st(L',K')$をLのKにおける**導近傍**といい，$N(L,K)$と表わす．

定理2.3（導近傍の一意性）　(P,Q)の正則分割(K_1,L_1), (K_2,L_2)に対し，$U=st(L_1,K_1)\cup st(L_2,K_2)$とおけば，$P$の$U-Q$に台をもつ全同位$h:P\to P$が存在して，$h(N(L_1,K_1))=N(L_2,K_2)$が成り立つ．

証明　まず，K_1,K_2の共通細分をKとし，KのQへの制限をLとする．LはL_1,L_2の共通細分である．LはKで正則である．(K_1',L_1')のε変更をつぎのように定義する．$st(L,K)$はQの$st(L_1,K_1)$における閉近傍であるから，(K_1,L_1)の特性関数$f:P\to I$に対し十分小さな正数εをとれば，

$$f^{-1}[0,2\varepsilon]\subset st(L,K)$$

となる．(K_1',L_1')のε変更とは，Qと交わるK_1-L_1の各単体Aに対し，その内点を$f^{-1}(\varepsilon)\cap A$の内部にとったものである．こうして変更された$(K_1,L_1)$の導細分を$(K_1^\varepsilon,L_1^\varepsilon)$とおく．$f^{-1}[0,2\varepsilon]\subset st(L,K)$より，$(K,L)$の導細分も，$K-L$の単体$A$で$Q$と交わるものの内点を$f^{-1}(\varepsilon)\cap A$の内点にとることにする．これを$(K',L')$とする．$N(L_1^\varepsilon,K_1^\varepsilon)=N(L',K')=f^{-1}[0,\varepsilon]$に注意する．例2.1により，同型$h_1:(K_1',L_1')\to(K_1^\varepsilon,L_1^\varepsilon)$が存在して，各$A\in K_1$に対し$h_1(A)=A$が満たされる．$\varepsilon$変更の方法から，$A\in(K_1-\mathring{\mathrm{S}}\mathrm{t}(L_1,K_1))\cup L_1$のとき，$h_1|A=id$である．よって，命題2.6より，$h_1$は$st(L_1,K_1)-Q$に台をもつ全同位である．しかも，$h_1$は同型であるから，

$$h_1(st(L_1',K_1'))=st(L_1^\varepsilon,K_1^\varepsilon)=st(L',K')$$

が成立する．$st(L_2',K_2')$に対しても，(K_2,L_2)の特性関数gに関して，(K_2',L_2')のδ変更(K_2^δ,L_2^δ)と(K',L')のδ変更(K^δ,L^δ)に対し，

$$g^{-1}[0,\delta]=st(L^\delta,K^\delta)=st(L_2^\delta,K_2^\delta)$$

が成立し，$st(L_2,K_2)-Q$に台をもつPの全同位$h_2:P\to P$が存在して$h_2(st(L_2^\delta,K_2^\delta))=st(L^\delta,K^\delta)$となる．さらに，命題2.6と例2.1より，同型$h_0:(K^\varepsilon,L^\varepsilon)\to$

(K^δ, L^δ) が $st(L,K)-Q$ に台をもつ P の全同位としてとれる．$h_0(st(L^\bullet, K^\bullet))=st(L^\delta, K^\delta)$ が成立する．$h=h_2^{-1}\circ h_0\circ h_1$ とおけば，$st(L,K)\subset st(L_1,K_1)\cup st(L_2,K_2)=U$ より，h は $U-Q$ に台をもつ全同位で，かつ

$$h(N(L_1,K_1))=h_2^{-1}\circ h_0\circ h_1(st(L_1',K_1'))=h_2^{-1}\circ h_0(st(L',K'))$$
$$=h_2^{-1}(st(L^\delta,K^\delta))=st(L_2',K_2')=N(L_2,K_2)$$

を満たし，求めるものである．∎

定理2.3により，(P,Q) の正則分割 (K,L) に対し，L の K における導近傍 $N(L,K)$ を単に Q の P における導近傍と呼んでもさしつかえない．まとめておくと，つぎの性質がある．

定理 2.4　多面体の対 (P,Q) に対し，

(1)　Q の P におけるかってな近傍 U に対し，Q の P における導近傍 N が U の中にとれる．

(2)　$h: P\to P'$ を PL 同相とし，$h(Q)=Q'$，Q' の P' における導近傍を N' とすると，Q' を動かさぬ P' の全同位 $g: P'\to P'$ が存在して，$g(h(N))=N'$ となる．

証明　(P,Q) の正則分割 (K,L) の特性関数による導細分の ε 変更を使用すれば (1) が示される．(2) は h の単体分割をとれば定理2.3に帰着される．∎

§2.3　複体の双対分割とハンドル分解

a）双対分割

K を胞体的複体とする．胞体 A の重心 $\hat{A}$ を A の頂点 $a_1,\cdots,a_k$ に対し，$\hat{A}=(a_1+\cdots+a_k)/k$ と定義する．K の各胞体 A に重心 $\hat{A}$ を定めた導細分 K' を K の**重心細分**という．ここでは導細分は重心細分であるとする．K' の p 単体 σ は K の胞体の列 $A_0<\cdots<A_p$ により，

$$\sigma=\hat{A}_0*\cdots*\hat{A}_p$$

と表わされる．K の胞体 A に対し，

$$\dot{K}_A=\{\hat{A}_0*\cdots*\hat{A}_p \mid A<A_0<\cdots<A_p,\ A_p\in K\},$$
$$K_A=\{\hat{A}*\hat{A}_0*\cdots*\hat{A}_p \mid A<A_0<\cdots<A_p,\ A_p\in K\}$$

と定める．(図2.4)

$\dot{K}_A, K_A$ は K' の部分複体で，$K_A=\hat{A}*\dot{K}_A$ である．$|\dot{K}_A|=\dot{P}_A$，$|K_A|=P_A$ と表

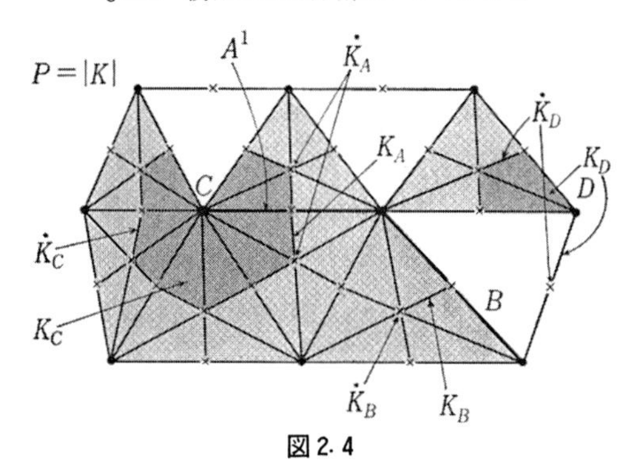

図2.4

わし，P_A を A の双対(そうつい)という．$\dot{K}_A=\mathrm{Lk}(A, K' \bmod \boldsymbol{A})$ である．

問 2.3　　$\dot{P}_A \cong lk(A, K)$,　　$P_A \cong \hat{A} * lk(A, K)$

が成立する．(PL 投射による.)

命題 2.7　胞体とその双対との間にはつぎの関係がある．$A, B \in K$ のとき，

(i)　$P_B \subsetneqq P_A \Leftrightarrow P_B \subset \dot{P}_A \Leftrightarrow A < B$,

(ii)　$P_A \cap P_B \neq \phi \Leftrightarrow A$ と B を含む K の最小の胞体 C に対し $P_A \cap P_B = P_C$ となる．

証明　(i) は定義から明らかである．(ii) の $\Longleftarrow$ の部分は自明である．$P_A \cap P_B \neq \phi$ とする．$P_A \cap P_B = |K_A \cap K_B| = |\dot{K}_A \cap \dot{K}_B| \neq \phi$ である．K' の単体 $\sigma = \hat{C}_0 * \cdots * \hat{C}_p$ に対し，

$$\sigma \in \dot{K}_A \cap \dot{K}_B \Leftrightarrow A < C_0 \text{ かつ } B < C_0$$

である．$\dot{K}_A \cap \dot{K}_B \neq \phi$ より，A, B を含む K の最小の胞体 C が存在する．$D \in K$ に対し，$A<D$ かつ $B<D \Leftrightarrow C \leqq D$ である．したがって，

$$\sigma \in \dot{K}_A \cap \dot{K}_B \Leftrightarrow C \leqq C_0 \Leftrightarrow \sigma \in K_C$$

を得る．よって，$\dot{K}_A \cap \dot{K}_B = K_C$ が成立する．▌

K の胞体の双対の全体 $K^* = \{P_A \mid A \in K\}$ は命題 2.7 の意味で，複体のような P の分割である．実際，$\bigcup_{a \in K} P_a$，ただし a は K の頂点にわたる，は P に一致する．K^* を K の**双対分割**という．

つぎに 2 回重心細分 K'' で考えよう．K の胞体 A の重心 $\hat{A}$ は K' の頂点でもあり，K'' の頂点でもある．$\hat{A}$ の K' における双対 $K_{\hat{A}}'$ に対し，

$$(K_{\hat{A}}')^{\cdot} = \mathrm{Lk}(\hat{A}, K''),$$

$$K_{\hat{A}}' = \hat{A} * (K_{\hat{A}}')^{\cdot} = \mathrm{St}(\hat{A}, K'')$$

が成立する．さらに，つぎの関係がある．(図2.5を参照.)

命題2.8 A を K の胞体とする．$\hat{A}$ からのPL投射 ρ は $\mathrm{Lk}(\hat{A}, K'')$ を $\mathrm{Lk}(\hat{A}, K')'$ に同型にうつす．さらに

(i) $\rho(\mathrm{Lk}(\hat{A}, \boldsymbol{A}'')) = (\partial \boldsymbol{A})''$,

(ii) $\rho(\mathrm{St}(\mathrm{Lk}(\hat{A}, A''), \mathrm{Lk}(\hat{A}, K'))) = \mathrm{St}((\partial \boldsymbol{A})'', (\mathrm{Lk}(\hat{A}, K'))')$

となる．

証明 $\mathrm{Lk}(\hat{A}, K'') = \dot{K}_{\hat{A}}'$ であるから，$\mathrm{Lk}(\hat{A}, K'')$ の p 単体 α は，$\alpha = \hat{\sigma}_0 * \cdots * \hat{\sigma}_p$，$\hat{A} < \sigma_0 < \cdots < \sigma_p$，$\sigma_p \in K'$ と表わされる．三角形に関する3中心線の定理から，$\hat{A}$ から $\hat{\sigma}_i$ へ向かう半直線 $\overrightarrow{\hat{A} * \hat{\sigma}_i}$ と $lk(\hat{A}, K')$ の交点は，$\tau_i = \sigma_i / \hat{A}$ とおくと，τ_i の重心 $\hat{\tau}_i$ となる．よって，ρ は $\mathrm{Lk}(\hat{A}, K'')$ と $\mathrm{Lk}(\hat{A}, K')'$ の頂点の間の1対1対応となる．したがって，$\rho: \mathrm{Lk}(\hat{A}, K'') \cong \mathrm{Lk}(\hat{A}, K')$ である．$\rho(\mathrm{Lk}(\hat{A}, \boldsymbol{A}'')) = (\partial \boldsymbol{A})''$ は明らかである．このことから，(ii) も満たされることになる．▌

命題2.9 K を多面体 P の胞体分割，A を K の胞体とする．PL同相

$$h: A \times P_A \longrightarrow st(\hat{A}, K')$$

で，つぎを満たすものが存在する．

A の各点 x に対し $h(x, \hat{A}) = x$,

P_A の各点 y に対し $h(\hat{A}, y) = y$,

$h(\partial A \times P_A) = N((\partial \boldsymbol{A})', \mathrm{Lk}(\hat{A}, K'))\ (= st((\partial \boldsymbol{A})'', \mathrm{Lk}(\hat{A}, K')'))$,

$h(\partial A \times P_A \cup A \times \dot{P}_A) = \partial A * \dot{P}_A\ (= lk(\hat{A}, K'))$.

証明
$$st(\hat{A}, K') = \hat{A} * lk(\hat{A}, K') = \hat{A} * \partial A * \dot{P}_A$$

である．§2.1, e) の命題2.3 (1), (3) によって，PL同型

$$g: \hat{A} * \partial A * \dot{P}_A \longrightarrow st(\hat{A}, \boldsymbol{A}') \times st(\hat{A}, K_A') = A \times P_A$$

が存在して，

A の各点 x に対し $g(x) = (x, \hat{A})$,

P_A の各点 y に対し $g(y) = (\hat{A}, y)$,

$g(\partial A * \dot{P}_A) = \partial A \times P_A \cup A \times \dot{P}_A$

となる．$\boldsymbol{A}' \times K_A'$ の頂点 $\hat{A} \times \hat{A}$ を最初の頂点として単体化したものを L とする．$lk(\hat{A} \times \hat{A}, L) = \partial A \times P_A \cup A \times \dot{P}_A$，$\boldsymbol{A}' \times \hat{A}$ は $\mathrm{Lk}(\hat{A} \times \hat{A}, L)$ の正則な部分複体である．f を $(\mathrm{Lk}(\hat{A} \times A, L), (\partial \boldsymbol{A})' \times \hat{A})$ の特性関数とし，$0 < \varepsilon < 1$ に対し $f^{-1}[0, \varepsilon]$

$=\partial A\times\varepsilon P_A$ は $(\partial \boldsymbol{A})'\times\hat{A}$ の導近傍となる．$N((\partial\boldsymbol{A})', \mathrm{Lk}(\hat{A}, K'))$ は $\partial\boldsymbol{A}'$ の $\mathrm{Lk}(\hat{A}, K')$ の導近傍で，$g(lk(\hat{A}, K'))=lk(\hat{A}\times\hat{A}, L)$ であるから，導近傍の一意性により，$\partial A\times\hat{A}\cup\hat{A}\times\dot{P}_A$ を動かさない $lk(\hat{A}\times\hat{A}, L)$ の全同位 g_1 が存在し，

$$g_1(\partial A\times\varepsilon P_A) = g(N((\partial\boldsymbol{A})', \mathrm{Lk}(\hat{A}, K')))$$

となる．$A\times P_A=(\hat{A}\times\hat{A})*lk(\hat{A}\times\hat{A}, L)$ より，g_1 は錐拡大で $A\times P_A$ の $\hat{A}*(\hat{A}\times\dot{P}_A)\cup(\partial A\times\hat{A})*\hat{A}=\hat{A}\times P_A\cup A\times\hat{A}$ を動かさない PL 同相 g_1 に拡張される．P_A を εP_A に縮める PL 同相により，PL 同相 $g_2: A\times P_A\to A\times\varepsilon P_A$，また，$\hat{A}\times\hat{A}$ からの PL 投射により，PL 同相 $g_3: A\times\varepsilon P_A\to A\times P_A$ をつくり，

$$g_3\circ g_2 \mid A\times\hat{A}\cup\hat{A}\times P_A = id$$

となるようにできる．

$$h = g^{-1}\circ g_1\circ g_3\circ g_2:\ A\times P_A \longrightarrow st(\hat{A}, K') = \hat{A}*\partial A*\dot{P}_A$$

が求めるものである．▮

$\hat{A}$ の K' における双対 $P_{\hat{A}}=|(K')_{\hat{A}}|=st(\hat{A}, K'')$ に対し，左境界 $l(P_{\hat{A}})$，右境界 $r(P_{\hat{A}})$ を

$$l(P_{\hat{A}}) = st(\mathrm{Lk}(\hat{A}, \boldsymbol{A}''), \mathrm{Lk}(\hat{A}, K')') = N((\partial\boldsymbol{A})', \mathrm{Lk}(\hat{A}, K')),$$
$$r(P_{\hat{A}}) = st(\mathrm{Lk}(\hat{A}, (K_A')'), \mathrm{Lk}(\hat{A}, K''))$$

と定義する．(図 2.5)

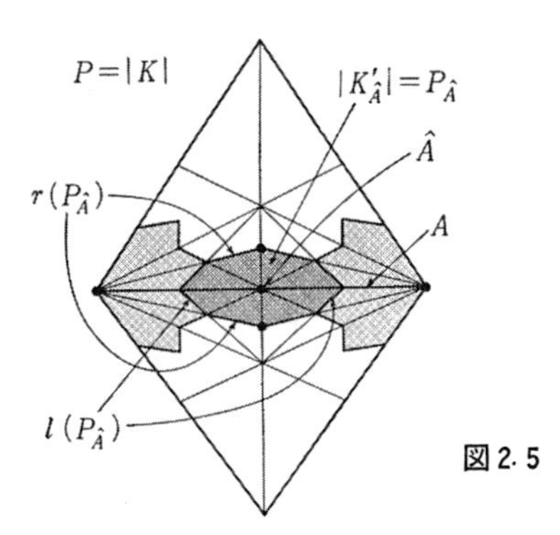

図 2.5

命題 2.10　K を多面体 P の胞体的分割とし，A を K の胞体とする．$\hat{A}$ の K' における双対 $P_{\hat{A}}$ に対してつぎが成立する．

(i) $\bigcup_{A\in K} P_{\hat{A}} = P.$

(ii)　$A, B \in K$ に対し，$P_{\hat{A}} \cap P_{\hat{B}} \neq \phi \Leftrightarrow A < B$ あるいは $B < A$ で，$P_{\hat{A}} \cap P_{\hat{B}} = P_{\hat{A} * \hat{B}}$ が成立する．

(iii)　$P_{\hat{A}}$ に対し，PL 同相

$$g : A \times P_A \longrightarrow P_{\hat{A}}$$

が存在して，つぎを満たす．

$$A \text{ の各点 } x \quad \text{に対し} \quad h(x, \hat{A}) = x,$$
$$P_A \text{ の各点 } y \quad \text{に対し} \quad g(\hat{A}, y) = y,$$
$$g(\partial A \times P_A \cup A \times \dot{P}_A) = \dot{P}_{\hat{A}},$$
$$g(\partial A \times P_A) = l(\dot{P}_{\hat{A}}).$$

証明　(i)　K の胞体 A およびその頂点 $a_1, \cdots, a_k$ に対し，

$$A = st(a_1, A') \cup \cdots \cup st(a_k, A')$$

が成立する．よって，$|K| = \bigcup st(a, K')$，ただし a は K のすべての頂点にわたる．K' の頂点の全体は $\{\hat{A} \mid A \in K\}$ であるから，$P = |K''| = \bigcup_{A \in K} st(\hat{A}, K'') = \bigcup_{A \in K} P_{\hat{A}}$ となる．

(ii)　$P_{\hat{A}} \cap P_{\hat{B}} = |K_{\hat{A}}' \cap K_{\hat{B}}'| \neq \phi$ より，命題 2.7 から K' の 1 単体 $\hat{A} * \hat{B}$ に対し，$P_{\hat{A}} \cap P_{\hat{B}} = P_{\hat{A} * \hat{B}}$ となる．よって，$A < B$ あるいは $B < A$ でなくてはならない．

(iii)　$P_{\hat{A}} = st(\hat{A}, K'') = \hat{A} * lk(\hat{A}, K'')$ であるから，命題 2.8 で得た PL 投射 ρ および命題 2.9 で得た PL 同相 h により，求める PL 同相 $g = (\hat{A} * \rho^{-1}) \circ h : A \times P_A \to P_{\hat{A}}$ が得られる．▌

b)　錐ハンドル分解

(P, Q) を多面体対，R を Q の部分多面体とする．T を錐 $a * S$ とする．P が Q から T **ハンドル** $H = (C \times T, h)$ **を** R **にはりつけて得られる**とは，m 胞体 C および PL 埋蔵 $h : C \times T \to P$ が存在して，つぎを満たすときをいう．

$$Q \cup h(C \times T) = P \quad \text{かつ} \quad Q \cap h(C \times T) = R \cap h(C \times T) = h(\partial C \times T).$$

C の次元 m を**ハンドルの指数**といい，T^m ハンドルという．このとき，

$$P = (Q, R) + H$$

と表わす．$H = h(C \times T)$ と同一視したり，$H = (C \times T)$ と表わしたりする．P が Q からどの二つも交わらない可算個の T_i ハンドル $H_i = (C_i \times T_i)$，$i = 1, 2, \cdots$，を R にはりつけて得られるとき，P は Q から**独立な(錐)ハンドル** H_i をはりつけて得られるといい，

$$P=(Q,R)+\sum_{i=1}^{\infty}H_i$$

と表わす．P は Q から R に**ハンドル H_i を同時にはりつけて得られる**ともいう．P に対し，$R(P)$ を

$$R(P)=\left(R-\bigcup_{i=1}^{\infty}(\partial C_i\times T_i)\right)\cup\bigcup_{i=1}^{\infty}(C_i\times S_i)$$

と定める．ただし $T_i=a_i*S_i$ とする．

多面体 P が部分多面体対 (Q,R) に関し(錐)**ハンドル分解をもつ**とは，P の部分多面体の有限列 $P_0,\cdots,P_r$ が存在し，$P_0=Q$，$P_r=P$，かつ，各 P_{i+1}，$i=0,\cdots,r-1$，が P_i から $R(P_i)$ に独立なハンドル $H_{i+1\,j}$，$j=1,2,\cdots$，をはりつけて得られるときをいう．ただし $R(Q)=R$ とする．

$$P=(Q,R)+\sum_{i=0}^{r}\left(\sum_{j=1}^{\infty}H_{ij}\right)$$

と表わす．$Q=\phi$ のとき，P は**ハンドル分解される**といい，$P=\sum_{i=0}^{r}\sum_{j=1}^{\infty}H_{ij}$ と表わす．

定理 2.5 (2回導近傍のハンドル分解) 多面体対 (P,Q) の胞体分割を (K,L) とし，N を L' の K' における導近傍 $st(L'',K'')$ とする．N は L の各胞体 A に対応する P_A ハンドル分解 $N=\sum_{m=0}^{\dim L}\sum_{\substack{A\in K\\|A|=m}}H_A$ をもち，つぎが満たされる．

$$H_A=(A\times P_A,h_A)$$

のとき

$$h_A\colon A\times P_A\longrightarrow P_{\hat{A}}\ (\subset P)$$

は PL 同相で，$P_m=\sum_{i=0}^{m}\sum_{\substack{A\in L\\|A|=i}}H_A$ とおくと，$|A|=m+1$ のとき，$P_{\hat{A}}\cap P_m=l(P_{\hat{A}})=h_A(\partial C\times P_A)$，

$$A \text{ の各点 } x \quad \text{に対し} \quad h_A(x,\hat{A})=x,$$
$$P_A \text{ の各点 } y \quad \text{に対し} \quad h_A(\hat{A},y)=y$$

が成り立つ．

証明
$$P_0=\bigcup_{a\in L_{(0)}}P_a=\bigcup_{a\in K_{(0)}}st(a,K'')$$

とおく．$st(a,K'')=P_{\hat{a}}$ であるから，$(P_{\hat{a}})^{(0)}$ ハンドルで，$P_0=\sum_{a\in K_{(0)}}H_a$ と表わされる．$H_a=(P_{\hat{a}},id)$ である．

$$P_m=\bigcup_{i=0}^{m}\bigcup_{\substack{A\in L\\|A|=i}}P_{\hat{A}}$$

とおく．$m\leqq\dim L-1$ に対し，P_m に分解

$$P_m=\sum_{i=0}^{m}\sum_{\substack{A\in L\\|A|=i}}H_A,\qquad H_A=(A\times P_A,h_A)$$

が得られたとする．$P_{m+1}=P_m\cup\left(\bigcup_{\substack{A\in L\\|A|=m+1}}P_{\hat{A}}\right)$ である．$P_{\hat{A}}$ に対し，命題2.3によって PL 同相

$$h_A\colon A\times P_A\longrightarrow P_{\hat{A}}$$

が存在し，

$$P_m\cap P_{\hat{A}}=\left(\bigcup_{\substack{B\in L\\|B|\leqq m}}P_{\hat{B}}\right)\cap P_{\hat{A}}=\bigcup_{B<A}(P_{\hat{B}*\hat{A}})$$

となる．$\{\hat{B}\mid B<A\}$ は $(\partial\boldsymbol{A})'$ の頂点の全体であるから，$P_{\hat{A}}$ について

$$\bigcup_{B<A}P_{\hat{B}*\hat{A}}=st((\partial\boldsymbol{A})'',\mathrm{Lk}(\hat{A},K')')=l(P_{\hat{A}})=h_A(\partial A\times P_A).$$

また，$B<A$ なる B について，

$$P_{\hat{B}}\cap P_{\hat{A}}=P_{\hat{B}*\hat{A}}\subset r(P_{\hat{B}})=h_B(B\times\dot{P}_B)$$

となる．よって，P_{m+1} は P_m から $R(P_m)$ にハンドル $H_A=(A\times P_{\hat{A}},h_A)$，$A\in L$，$|A|=m$，を同時にはりつけて得られる．$h_A$ が定理の条件を満たすのは明らかである．∎

定理 2.6　(P,Q) を多面体対，(K,L) をその胞体的分割とする．N を L' の K' における導近傍 $st(L'',K'')$ とし，$\dot{N}=\dot{st}(L'',K'')$ とおく．P は $(N,\dot{N})$ に関し，つぎのハンドル分解をもつ．

$$P=(N,\dot{N})+\sum_{i=0}^{\dim K}\sum_{\substack{A\in K-L\\|A|=i}}H_A,\qquad \text{ただし}\quad H_A=(A\times P_A,h_A),$$

$$h_A(A\times P_A)=P_{\hat{A}},\qquad h_A(\partial A\times P_A)=l(P_{\hat{A}}).$$

証明　$P_0=N\cup\left(\bigcup_{a\in K_{(0)}-L_{(0)}}P_{\hat{a}}\right)$ とおく．$P_{\hat{a}}=st(\hat{a},K'')$ は，$a\in K-L$ より N とは交わらない．よって，

$$P_0=(N,\dot{N})+\sum_{a\in K_{(0)}-L_{(0)}}H_a,\qquad H_a=(P_{\hat{a}},id)$$

が得られる．$P_{m-1}=N\cup\left(\bigcup_{\substack{A\in K-L\\|A|\leqq m-1}}P_{\hat{A}}\right)$ に対し，要求される性質を満たすハンドル分解

$$P_{m-1} = (N, \dot{N}) + \sum_{i=0}^{m-1} \sum_{\substack{A \in K-L \\ |A|=i}} H_{\hat{A}}$$

が得られたとする．$P_m = P_{m-1} \cup \left(\bigcup_{\substack{A \in K-L \\ |A|=m}} P_{\hat{A}} \right)$ で，$K-L$ の m 胞体 A に対し，

$$P_{m-1} \cap P_{\hat{A}} = \bigcup_{\substack{B \in L \cup K_{(m-1)} \\ B<A \text{ あるいは } A<B}} P_{\hat{B}*\hat{A}}$$

となる．$B \in K_{(m-1)}$ のとき，$B<A$ である．$B \in L$ のとき，$A \leqq B$ であれば $A \in L$ であるから，$A \in K-L$ に反する．よって，

$$P_{m-1} \cap P_{\hat{A}} = \bigcup_{B<A} P_{\hat{B}*\hat{A}} = l(P_{\hat{A}})$$

が成立する．あとの部分の証明は定理2.5と全く同様である．(図2.5) ▮

§2.4　複体と多面体の縮約

この節では複体は単体的複体とする．

a) 複体の縮約

複体 K の単体 A の面 $F(\neq \phi)$ が自分自身と A 以外の K の単体の面ではないとき，F は A の**自由(な)面** (free face) といわれる．このとき，A は K の主単体で，A, F の次元 $|A|, |F|$ に対し，$|F| = |A|-1 \geqq 0$ が成立する．F は $K-\{A\}$ の主単体であり，$K_1 = K-\{A, F\}$ は K の部分複体をなす．$K \overset{e}{\searrow} K_1$ あるいは $K = K_1 + (A, F)$ と表わし，K_1 は K の**初等縮約** (elementary collapsing) である，あるいは，K は K_1 に**初等縮約する**という．K の主単体とその自由面の可算個の対 (A_k, F_k), $k=1, 2, \cdots$, に対し，$L = K-\{(A_k, F_k)\}_{k=1,2,\dots}$ は K の部分複体で，$K \overset{i}{\searrow} L$ あるいは $K = L + \sum_{k=1}^{\infty} (A_k, F_k)$ と表わされ，L は K の**独立な縮約である，**あるいは，K は L に**独立に縮約する**という．

複体 K が K の部分複体 L に**縮約する** (collapse)，あるいは，L が K の**縮約**であるとは，独立な縮約の列 $K_j \overset{i_j}{\searrow} K_{j+1}$, $j=1, 2, \cdots, r-1$, が存在して，$K_1 = K$, $K_r = L$ となるときをいう．このとき，$K \searrow L$ と表わす．L が K の一つの頂点 a からなるとき，K は**可約** (collapsible) といわれる．(図2.6)

命題2.11　有限複体 K に対する錐複体 $a*K$ は，K のかってな部分複体 L に対する錐複体 $a*L$ に縮約する．とくに，錐複体は可約である．

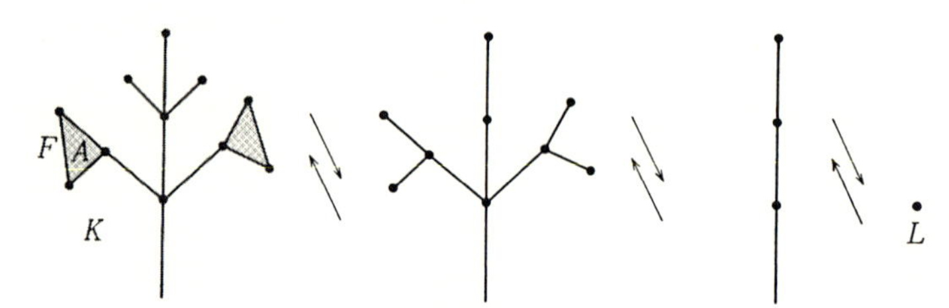

$K \searrow L$：縮約，　$L \nearrow K$：拡大

（Kは可約である）

図 2.6

証明　K のかってな主単体 A は $\boldsymbol{a}*K$ の単体 $\boldsymbol{a}*A$ の自由面である．よって，$\boldsymbol{a}*K \searrow \boldsymbol{a}*(K-\{A\})$ が成り立つ．K の部分複体 L に対し，K の部分複体の列 K_i, $i=1,2,\cdots,r$, が存在し，$K=K_1$, $L=K_r$ で，K_{i+1}, $i=1,2,\cdots,r-1$, は K_i から主単体を除いてえられる．よって，$\boldsymbol{a}*K \searrow \boldsymbol{a}*L$ が成立する．とくに，$L=\{\phi\}$ とすれば，$\boldsymbol{a}*K \searrow \boldsymbol{a}$ となる．∎

補題 2.1　$K \searrow L$ のとき，(K, L) の星状細分 $\delta(K, L)=(\delta K, \delta L)$ に対し，$\delta K \searrow \delta L$ が成立する．

証明　δ が初等星状細分 $\delta(b, B)$，$K \searrow L$ が初等縮約 $K=L+(A, F)$ のときを示せば十分である．そのためにつぎの三つの場合にわけて考察する．

(1)　$B \nleq A$,

(2)　$B \leqq F$,

(3)　$B \nleq F$　かつ　$B \leqq A$.

(1) のときは，$\delta(b, B)$ は $K-\boldsymbol{A}$ に台をもち，

$$\delta K=\delta L+(A, F) \quad \text{すなわち} \quad \delta K \searrow \delta L$$

が成り立つ．

(2) のときは，$A=a*F$ と表わされ，δ の $\boldsymbol{A}$ への制限 $\delta\boldsymbol{A}$ に対し，$\delta\boldsymbol{A}=\boldsymbol{a}*\delta\boldsymbol{F}$ かつ $\delta(\boldsymbol{a}*\partial\boldsymbol{F})=\boldsymbol{a}*\delta(\partial\boldsymbol{F})$ が成り立つ．よって命題 2.11 によってつぎが成り立つ．

$$\delta\boldsymbol{A}=\boldsymbol{a}*\delta\boldsymbol{F} \searrow \boldsymbol{a}*\delta(\partial\boldsymbol{F})=\delta(\boldsymbol{a}*\partial\boldsymbol{F}) \qquad (\subset \delta L),$$

すなわち，$\delta K \searrow \delta L$.

(3) のときは，$A=a*F$ とおくと，$B \nleq F$ かつ $B \leqq A$ より，$B=a*E$ と表わ

せる．$F/E=D$ とおく．

$$\boldsymbol{F}=\boldsymbol{E}*\boldsymbol{D},\qquad \boldsymbol{B}=\boldsymbol{a}*\boldsymbol{E},\qquad \partial\boldsymbol{B}=(\boldsymbol{a}*\partial\boldsymbol{E})\cup\boldsymbol{E}$$

より，

$$\begin{aligned}\delta\boldsymbol{A}&=(\boldsymbol{b}*\partial\boldsymbol{B})*\boldsymbol{D}=\boldsymbol{b}*(\boldsymbol{a}*\partial\boldsymbol{E}\cup\boldsymbol{E})*\boldsymbol{D}\\&=\boldsymbol{b}*\boldsymbol{a}*\partial\boldsymbol{E}*\boldsymbol{D}\cup\boldsymbol{b}*\boldsymbol{F},\\ \delta(\boldsymbol{a}*\partial\boldsymbol{F})&=\boldsymbol{b}*\partial\boldsymbol{B}*\partial\boldsymbol{D}\cup(\partial\boldsymbol{B}-\boldsymbol{E})*\boldsymbol{D}\\&=\boldsymbol{b}*\partial\boldsymbol{B}*\partial\boldsymbol{D}\cup\boldsymbol{a}*\partial\boldsymbol{E}*\boldsymbol{D}\end{aligned}$$

を得る．(図 2.7)

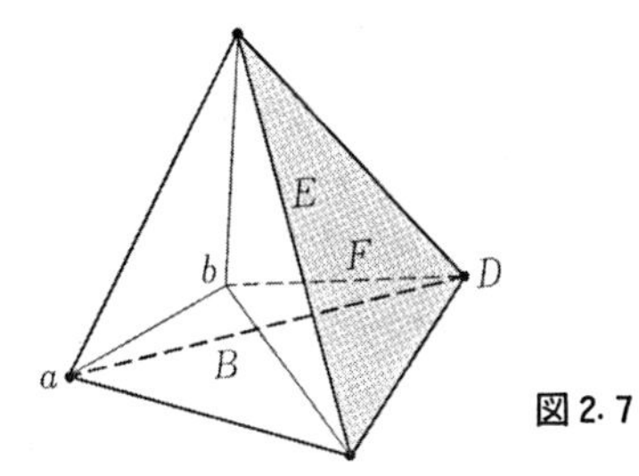

図 2.7

命題 2.11 より，

$$\begin{aligned}&\boldsymbol{b}*\boldsymbol{F}\searrow\boldsymbol{b}*\partial\boldsymbol{F}=\boldsymbol{b}*(\partial\boldsymbol{E}*\boldsymbol{D}\cup\boldsymbol{E}*\partial\boldsymbol{D}),\\&\boldsymbol{b}*(\boldsymbol{a}*\partial\boldsymbol{E}*\boldsymbol{D})=\boldsymbol{a}*(\boldsymbol{b}*\partial\boldsymbol{E}*\boldsymbol{D})\\&\qquad\qquad\searrow\boldsymbol{a}*(\boldsymbol{b}*\partial\boldsymbol{E}*\partial\boldsymbol{D}\cup\partial\boldsymbol{E}*\boldsymbol{D})\end{aligned}$$

となる．よって，

$$\begin{aligned}\delta\boldsymbol{A}&\searrow(\boldsymbol{b}*\boldsymbol{a}*\partial\boldsymbol{E}*\boldsymbol{D})\cup(\boldsymbol{b}*\partial\boldsymbol{F})\\&=\boldsymbol{a}*(\boldsymbol{b}*\partial\boldsymbol{E}*\boldsymbol{D})\cup\boldsymbol{b}*\boldsymbol{E}*\partial\boldsymbol{D}\\&\searrow\boldsymbol{a}*\boldsymbol{b}*\partial\boldsymbol{E}*\partial\boldsymbol{D}\cup\boldsymbol{a}*\partial\boldsymbol{E}*\boldsymbol{D}\cup\boldsymbol{b}*\boldsymbol{E}*\partial\boldsymbol{D}\\&=\boldsymbol{b}*(\boldsymbol{a}*\partial\boldsymbol{E}\cup\boldsymbol{E})*\partial\boldsymbol{D}\cup\boldsymbol{a}*\partial\boldsymbol{E}*\boldsymbol{D}\\&=\delta(\boldsymbol{a}*\partial\boldsymbol{F})\end{aligned}$$

を得る．すなわち，$\delta K\searrow\delta L$ である．▮

命題 2.12　(P,Q) を多面体の対，$I=[0,1]$ とする．$P\times I$ での $P\times 1$ を P と $(x,1)=x$, $x\in P$, により同一視する．第1因子への射影 $p_1:(P,Q)\times I\to(P,Q)$, $(x,t)\mapsto x$ のかってな単体分割 $p_1:(K,L)\to(G,H)$ に対し，$G\subset K$ であり，$K\searrow G\cup L$ となる．

証明　$p_1:(P,Q)\times I\to(P,Q)$ は固有な PL レトラクションであるから(すなわち，$p_1|P=id$)，単体分割が存在する．$p_1:(K,L)\to(G,H)$ をかってな単体分割とすれば，p_1 がレトラクションであることから，(G,H) は (K,L) の部分複体となる．$G_{(r)}$ を G の r 骨格として，$P\cup Q\times I\cup|G_{(r)}|\times I$ をおおう K の部分複体を K_r とするとき，$K_r\searrow K_{r-1}$ を示せばよい．このために，A を $G-L$ のかってな r 単体としたとき，K の $A\times I$ への制限 $K(A\times I)$ が K の $A\cup\partial A\times I$ への制限 $K(A\cup\partial A\times I)$ へ縮約することをいえば十分である．

まず，$A\times 1$ を含む $K(A\times I)$ の $p+1$ 単体 B が存在する．$p_1|A\times 1:A\times 1\to A$ は線型同型であるから，B の二つの頂点 a_0, a_1 に対し，$p_1(a_0)=p_1(a_1)$ となり，$A\times 1=a_0*D_1$ と表わされる．$A\times 1$ は B の自由な面であるから，$K(A\times I)=G_1+(B, A\times 1)$ と縮約が得られる．つぎに，$A_1=a_1*D_1$ とおく．第2因子への射影 $p_2:P\times I\to I$ は P の各点 x に対し，$x\times I$ 上線型同型であるから，A_1 は B ともう一つの $p+1$ 単体 B_1 の共通な面となる．よって，A_1 は B_1 の自由面で，上と同様の議論で，縮約 $G_1=G_2+(B_1, A_1)$ が得られる．以下同様にして，$G(A\times I)\searrow G(A\cup\partial A\times I)$ を得る．▌

b）多面体の縮約

多面体 P が部分多面体 Q に**縮約する**とは，(P,Q) の分割 (K,L) が存在して，$K\searrow L$ となるときをいう．単体 A とその自由面 F に対し，$A=a*F$, $\hat{A},\hat{F}$ をそれぞれ A, F の重心とすれば，$A=a*F=a*\hat{F}*\partial F$ であるから，命題2.3によって，PL 同相

$$h:\ F\times(a*\hat{F})\longrightarrow A\ (=a*\hat{F}*\partial F)$$

が存在して，F の各点 x に対し，

$$h(x,\hat{F})=x\quad \text{したがって}\quad h(F\times a\cup\partial F\times(a*\hat{F}))=a*\partial F$$

となる．$\hat{F}*a=0*1\,(=[0,1])=I$ と同一視すれば，$h:F\times I\to A$ とみなされる．これを A の $(F,\partial F)$ に関する**カラー化**という．とくに，$a*\partial F$ は A の変形レトラクトであるから，$P\searrow Q$ のとき，Q は P の固有変形レトラクト(proper deformation retract)である．

補題 2.2　$(A, a*\partial F)$ のかってな分割 (K,L) に対し，K の細分 K' で，その $a*\partial F$ 上への制限が L の星状細分 δL であるものが存在して，$K'\searrow\delta L$ となる．

証明　(K,L) の細分 (K_1,L_1)，および $(F\times I, F\cup\partial F\times I)$ の分割 (G_1,H_1) が存

在して，$h: (K_1, L_1) \to (G_1, H_1)$ は同型となる．(G_1, H_1) の細分 (G_2, H_2) をとり，$p_1: G_2 \to H_2$ が $p_1: F \times I \to F$ の単体分割であるようにできる．(G_2, H_2) に対応する (K_1, L_1) の細分を (K_2, L_2) とする．L_2 の細分 L_3 をとり，L_3 は L の星状細分 δL であるとしてよい．δL に対応する H_2 の細分を H_3 とする．

$$p_1{}^* H_3 = \{p_1{}^{-1}(D) \cap E \mid D \in H_3,\ E \in G_2\}$$

は G_2 の胞体的細分で，その単体化を G_3 とすれば，$p_1: G_3 \to H_3$ は単体的である．よって，命題 2.12 によって，$G_3 \searrow G_3(F \cup \partial F \times I)$ となる．ただし，$G_3(F \cup \partial F \times I)$ は G_3 の $F \cup \partial F \times I$ への制限である．G_3 に対応する K_2 の細分を K' とすれば，$(K', \delta L)$ が求める (K, L) の細分である．▌

命題 2.13 $P \searrow Q$ かつ $Q \searrow R$ ならば $P \searrow R$ である．

証明 (K, L) を (P, Q) の分割で $K \searrow L$，(G, H) を (Q, R) の分割で $G \searrow H$ となるとする．L の細分 L' で G の星状細分 δG に一致するものが存在する．L' の K への拡大を K' とする．$K \searrow L$ が初等縮約

$$K = L + (A, F)$$

であれば，補題 2.2 より

$$(K'(A), K'(a * \partial F)), \qquad ただし \quad A = a * F$$

の細分 $(K_1(A), \delta_1 K'(a * \partial F))$ が存在して，

$$K_1(A) \searrow \delta_1 K'(a * \partial F)$$

となる．$K'(a * \partial F)$ の星状細分 δ_1 を δG の星状細分 $\delta_1 G$ へ拡大すれば，$K_1 = K_1(A) \cup \delta_1 G$ は K の細分で，$K_1 \searrow \delta_1 G$ となる．補題 2.1 によって，$\delta_1 G \searrow \delta_1 H$ であるから $K_1 \searrow \delta_1 H$，すなわち，$P \searrow R$ が成立する．K の局所有限性から，一般の場合は初等縮約の場合に帰着される．▌

命題 2.14 多面体の対 (P, Q), (P', Q') が PL 同型であれば，$P \searrow Q \Leftrightarrow P' \searrow Q'$ である．

証明 対称性から，$P \searrow Q \Longrightarrow P' \searrow Q'$ をみればよい．(P, Q) の分割 (K, L) に対し $K \searrow L$ とする．(P', Q') の分割 (G, H) が (K, L) の星状細分 $(\delta K, \delta L)$ と同型になるようにとれる．$\delta K \searrow \delta L$ より，$G \searrow H$ となる．▌

命題 2.15 (P, Q) を多面体対とし，(K, L) をその正則分割とする．L の K における導近傍 $N = N(L, K)$ は Q に縮約する．実際，$\mathrm{St}(L', K') \searrow L'$ である．

証明
$$J_k = \bigcup_{\substack{A \in L \\ |A| = n-k}} \boldsymbol{A}' * \dot{K}_A, \qquad J_{-1} = L'$$
とおく．$J_n = \mathrm{St}(L', K')$ であるから，各 $k=0, \cdots, n$ に対し，$J_k \searrow J_{k-1}$ を示せばよい．$A \in L$, $|A| = n-k$ とすれば，$\boldsymbol{A}' * \dot{K}_A \cap J_{k-1} = \boldsymbol{A}' * \mathrm{St}(\dot{L}_A, \dot{K}_A)$ であるから，$\boldsymbol{A}' * \dot{K}_A \searrow \boldsymbol{A}' * \mathrm{St}(\dot{L}_A, \dot{K}_A)$ $(\subset J_{k-1})$ が成立する．(図 2.8)

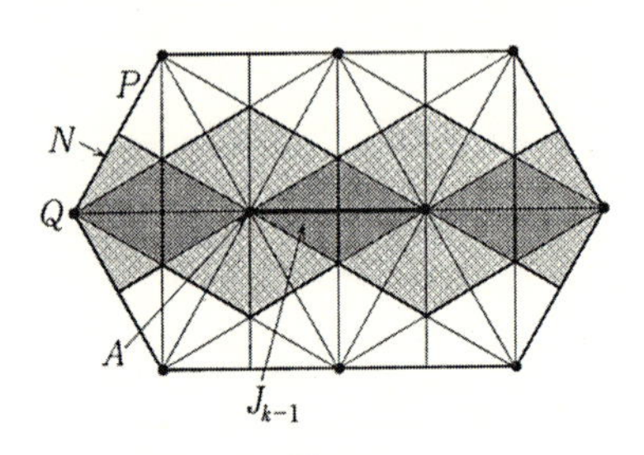

図 2.8

もう一つの $B \in L$, $|B| = n-k$ に対して，$\boldsymbol{A}' * \dot{K}_A \cap \boldsymbol{B}' * \dot{K}_B \neq \phi$ のとき，$\boldsymbol{A}' * \dot{K}_A \cap \boldsymbol{B}' * \dot{K}_B \subset J_{k-1}$ であるから，縮約 $\boldsymbol{A}' * \dot{K}_A \searrow \boldsymbol{A}' * \mathrm{St}(\dot{L}_A, \dot{K}_A)$ は各 $n-k$ 単体 A について独立に行なわれる．よって，$J_k \searrow J_{k-1}$ が成立する．∎

問 2.4　(i)　$P \searrow Q$ であれば，Q は P の固有変形レトラクトである．

(ii)　多面体対 (P, Q) に対し，Q は Q の P における導近傍 N の固有変形レトラクトであり，$\dot{N}$ は $N-Q$ の固有変形レトラクトである．実際，$N-Q$ は $\dot{N} \times [0, 1)$ と PL 同型である．(特性関数を利用してこの PL 同型がつくれる．)

第3章　PL 多様体

§3.1　PL 多様体と正則近傍の理論

a) 定　義

多面体 M が m 次元 (PL) **多様体**であるとは，M の分割 K が存在して，M の各点 x に対し，$lk(x, K)$ が $m-1$ 球面であるか $m-1$ 球体であるときをいう．$lk(x, K)$ が $m-1$ 球体となる M の点全体を ∂M で表わし，M の**境界**とよぶ．からみ体 $lk(x, K)$ の細分不変性 (命題 2.2) によって，M が m 次元多様体であるという性質および M の境界 ∂M が M の分割によらないで定まる．$\mathring{M}=M-\partial M$ と表わし，M の**内部**と呼ぶ．$\partial M=\phi$ のとき，M は**境界をもたない多様体**，そしてさらに M がコンパクトのとき，M は**閉多様体**と呼ばれる．たとえば，m 単体 A は境界 ∂A をもつ m 次元 PL 多様体で，∂A は $m-1$ 次元閉 PL 多様体である．M が m 次元 PL 多様体となるための必要十分条件は，“M の各点 x に対し，x の M における閉近傍 B_x が存在して，B_x が m 次元球体となる” ことである．B_x は x の M における**球体近傍**と呼ばれる．x が B_x の内部にあるとき，$x \in \mathring{M}$ で，x が B_x の境界 ∂B_x にあるとき，$x \in \partial M$ である．M の境界 ∂M は $m-1$ 次元の境界をもたない多様体である．

M の分割 K に対し，∂M は K の部分複体でおおわれ，それを ∂K で表わす．

命題 3.1　m 次元 PL 多様体 M の分割 K に対し，K の各 p 単体 A について，$lk(A, K)$ は $m-p-1$ 次元の球面か球体である．

証明　$p=0$ のときは定義から明らかである．$p-1$ のとき成立したとする．$p \geqq 1$ とし，A の頂点 a により $A=a*B$ と分解する．命題 1.2 より，$lk(A, K)=lk(a, \mathrm{Lk}(B, K))$ となる．$|B|=p-1$ より，$lk(B, K)$ は $m-p$ 次元の球面か球体で，$m-p$ 次元 PL 多様体である．よって，$lk(a, \mathrm{Lk}(B, K))$ は $m-p-1$ 次元の球面か球体である．∎

系　m 次元 PL 多様体 M の分割 K に対し，K の各 p 単体 A について，A の K における双対 $|K_A|=P_A$ は $m-p$ 球体である．とくに，双対分割 K^* は球

体からなる．

証明 $\dot{P}_A$ は $lk(A,K)$ と PL 同型であり，また球面あるいは球体と1点の接合は明らかに球体であるから，$P_A=\hat{A}*lk(A,K)$ は $m-p$ 球体である．∎

b) 球体定理と正則近傍定理

つぎの球体の間の PL 同相拡張定理(定理3.1)は以後の議論で基本的な役割をはたす．証明は正則近傍の理論を使うので，次元 n に関する長い帰納法で行なわれる．

定理3.1 $[n]$(球体定理) $m\leqq n$ とする．B_1, B_2 を m 球体とし，$B_1'\subset\partial B_1$，$B_2'\subset\partial B_2$ を $m-1$ 球体とする．PL 同相 $f: B_1'\to B_2'$ は PL 同相 $F: B_1\to B_2$ に拡張される．——

系 $[n]$ $m\leqq n$ とする．S を $m-1$ 球面，$B\subset S$ を $m-1$ 球体とする．$S-\mathring{B}$ は $m-1$ 球体である．

証明 m 単体 A に対し，$S=\partial A$ としてよい．A の頂点 a に対し，$A=a*D$ と分解する．$a*\partial D$ は $\hat{D}*\partial D=D$ と PL 同型である．よって，PL 同相 $f: a*\partial D\to B$ が存在する．定理3.1 $[n]$ より，f は PL 同相 $F: A\to A$ に拡張される．$F(\partial A-(a*\partial D)^\circ)=F(D)=\partial A-\mathring{B}$ であるから，$\partial A-\mathring{B}$ は $m-1$ 球体である．∎

(P, Q) を多面体対とする．P の部分多面体 N が Q の P における**カラー近傍**であるとは，

(1) N は Q の P における閉近傍である，

(2) PL 同相 $c: Q\times I\to N$ が Q の各点 x で，$c(x,0)=x$ となるように存在する，

ときをいう．このとき，Q は P で**カラー**をもつといい，$N=(Q\times I)$ と表わすこともある．(図3.1)

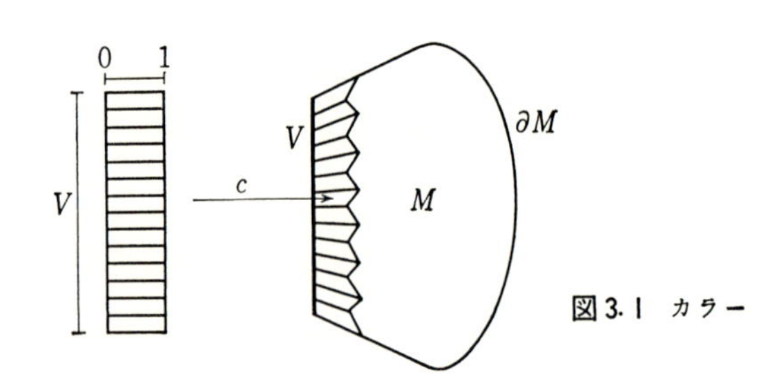

図3.1 カラー

多様体 W の**部分多様体** V とは，V が多様体で，W の部分多面体であるときをいう．

注意　W の開集合は (PL) 多様体であるが，一般には部分多様体ではない．

定理 3.2 $[n]$(カラー近傍定理)　$m\leqq n$ とする．M を m 次元 PL 多様体とし，V を ∂M の $m-1$ 次元部分多様体とする．このとき，V の M における導近傍はカラー近傍である．

証明　(K, L) を (M, V) の正則分割とする．導近傍の一意性から，K の重心細分 K' に対し，

$$st(L', K')\quad \text{が}\quad \text{カラー近傍}$$

であることをいえばよい．L の p 単体 A の K, L における双対 M_A, V_A はそれぞれ $m-p$ 球体，$m-1-p$ 球体である．

$$V_p = \bigcup_{\substack{A\in L\\ |A|\geqq m-p-1}} V_A, \qquad N_p = \bigcup_{\substack{A\in L\\ |A|\geqq m-p-1}} M_A$$

とおき，PL 同相

$$c_p\colon 0\times V\cup I\times V_p \longrightarrow V\cup N_p$$

を V の各点 x に対し，$c_p(0, x)=x$，また，

$$c_p(I\times V_A) = M_A$$

となるように構成する．$p=-1$ のときは自明である．c_{p-1} が得られたとし，c_p をつぎのように構成する．A を L の $m-p-1$ 単体とする．このとき，

$$\dot{V}_A = \bigcup_{\substack{A<B\in L\\ |B|\geqq m-p}} V_B, \qquad \bigcup_{\substack{A<B\in L\\ |B|\geqq m-p}} M_B \subset \dot{M}_A,$$

$$V_A \subset V\cap M_A \subset \partial M_A$$

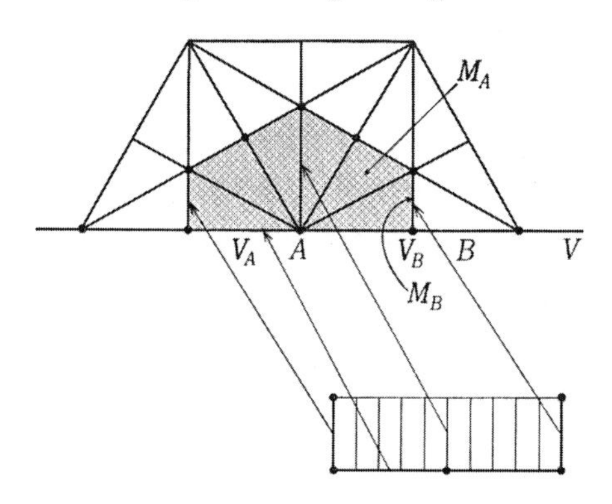

図 3.2

が成り立つ.(図3.2) よって,$c_{p-1}(0\times V_A\cup I\times \dot{V}_A)\subset\partial M_A$ となる.$0\times V_A\cup I\times \dot{V}_A$ は p 球体($p\leqq m$)で,$I\times V_A$,M_A は $p+1$ 球体である.よって,定理3.1[n]より,c_{p-1} は $I\times V_A$ を M_A にうつす PL 同相に拡張される.この拡張は L の $m-p-1$ 単体 A について独立に行なわれ,その結果を $c_p: 0\times V\cup I\times V_p\to V\cup N_p$ とすれば,これが求めるものである.▮

系[n] $m\leqq n$ とする.M_1, M_2 を m 次元 PL 多様体とし,$W=M_1\cup M_2$ とする.$m-1$ 次元 PL 多様体 V に対し,$M_1\cap M_2=\partial M_1\cap\partial M_2=V$ となれば,W も m 次元 PL 多様体である.

証明 $x\notin V$ であれば,x は W で球体近傍を有するのは自明である.$x\in V$ ならば,x は V において球体近傍 B_x を有する.V の M_1, M_2 でのカラー近傍をそれぞれ $([0,1]\times V)$,$([-1,0]\times V)$ とみなせば,$([-1,1]\times B_x)$ は m 球体で x の W における球体近傍である.▮

命題[n] $m\leqq n$ とする.M, N を m 次元多様体とし,N は M の部分多面体で,$\mathring{M}\supset N$ とする.$V=M-\mathring{N}$ とおくと,V は m 次元多様体で,$\partial V=\partial M\cup\partial N$ である.

証明 (K, L) を (M, N) の分割とすれば,$J=\{A\in K\mid A\subset V\}$ は K の部分複体で V の分割である.V の点 x に対し,$x\notin\partial N$ であれば,$lk(x, J)=lk(x, K)$ となる.また,$x\in\partial N$ であれば,

$$lk(x, J)=lk(x, K)-(lk(x, L))^\circ$$

が成り立つ.$x\in\mathring{M}$ であるから,$lk(x, K)$ は $m-1$ 次元球面で,$x\in\partial N$ であるから,$lk(x, L)$ は $m-1$ 次元球体である.定理3.1[n]の系より,$lk(x, J)$ は $m-1$ 次元球体である.よって,V は m 次元多様体で,$\partial V=\partial M\cup\partial N$ が成立する.▮

W を m 次元多様体とし,P を W の部分多面体とする.P の W における**正則近傍** N とは,つぎの条件を満たす W の部分多面体のことである.

(1) N は P の W における閉近傍である.

(2) N は多様体である.

(3) $N\searrow P$.

$N=W$ のとき,単に N を P の正則近傍とよぶ.

定理 3.3[n](正則近傍定理) $m\leqq n$ とする.W を m 次元多様体とし,P を

W の部分多面体とする.

(i) P の W における導近傍は正則近傍である.

(ii) P の W における二つの正則近傍 N_1, N_2 は P を動かさずに PL 同型となる. さらに, $N_1 \cup N_2 \subset \mathring{W}$ であれば, $N_1 \cup N_2$ のかってな近傍 U に対し, $U-P$ に台をもつ W の全同位 $h: W \to W$ が存在して, $h(N_1)=N_2$ となる.

系 [n] $m \leqq n$ とする. P を m 次元多様体 W の部分多面体とし, P は可約($P \searrow p \in P$)とする. このとき, P の W における正則近傍は m 球体である.

証明 (定理 3.3 [n] から系 [n] を示す.) p の W における正則近傍はその星状近傍で m 球体である. $N \searrow P$ かつ $P \searrow p$ より, N は p の正則近傍となる. したがって, 定理 3.3 [n] の (ii) によって N は m 球体となる. ▮

定理 3.1 [n] $\Longrightarrow$ 定理 3.2 [n] はすでに示されている. したがって, 定理 3.1 [n] $\Longrightarrow$ 定理 3.3 [n] $\Longrightarrow$ 定理 3.1 [$n+1$] の順に示す.

定理 3.1 [n] から定理 3.3 [n] を示すために, コブの概念を定義しよう. W, M を m 次元多様体とし, $M \subset W$, B を W の中の m 球体とする. $N=M \cup B$, $M \cap B=B'$ とおく. このとき, $B'=\partial M \cap \partial B$ かつ B' が $m-1$ 次元球体のとき, B を M からの**コブ**とよび, N は M にコブ B をふくらませて得られる, あるいは, M は N からコブ B をつぶして得られるという. $N=M+(B, B')$ と表わされる. 定理 3.1 [n] からつぎが得られる.

補題 3.1 [n] $m \leqq n$ とする. M を m 次元多様体, $N=M+(B, B')$ とする.

(1) B の M におけるいかなる近傍 U に対しても, PL 同相 $f: N \to M$ が存在して, $x \notin U$ のとき $f(x)=x$ となる.

(2) さらに, N が m 次元多様体 W の内部 $\mathring{W}$ に含まれていれば, B の W におけるいかなる近傍 V に対しても, V に台をもつ W の全同位 $h: W \to W$ が存在して, $h(N)=M$ となる.

証明 定理 3.2 [n] により, B' の M におけるカラー近傍 $C=(I \times B')$ で, U に含まれるものが存在する. (図 3.3) 定理 3.1 [n] によって, A を m 単体, F をその $m-1$ 面とすれば, (B, B') は (A, F) と PL 同型である. したがって, (B, B') は $([-1, 0] \times B', 0 \times B')$ と PL 同型となる. よって, $D=B \cup C$ とおくと, D は $[-1, 1] \times B'$ と PL 同型で, m 次元球体である. C も m 次元球体である. $\partial C-\mathring{B}'$ は定理 3.1 [n] の系 [n] により $m-1$ 次元球体である. したがって, ∂C

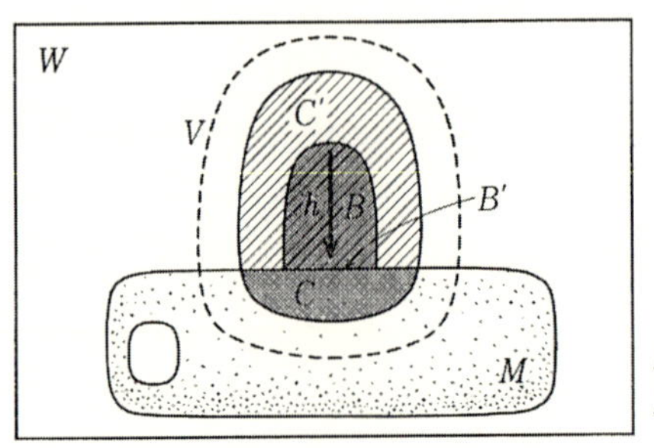

図 3.3　コブをつぶす

$-\mathring{B}'=\partial C\cap D=\partial C\cap\partial D$ 上の恒等写像は同相 $f_D: D\to C$ へ拡大される．これは $N-D=M-C$ 上恒等写像として求める PL 同相に拡張される．よって (1) が示された．

(2) を示すために，(N, B) の十分こまかい分割をとり，これに対し，B' の M におけるカラー近傍 C，および $\partial B-\mathring{B}'$ の W におけるカラー近傍 C' をとり，$E=B\cup C\cup C'$ とおくと，$E\subset V$ としてよい．(1) で構成された PL 同相 $f_D: D=B\cup C\to C$ を ∂E を動かさない PL 同相に拡張したい．$D'=B\cup C'$ とおくと，(1) と同様にして，これは m 球体で，B' は $\partial D'$ 上の $m-1$ 次元球体である．また，$\partial B-\mathring{B}'$ は m 球体 C' の境界 $\partial C'$ 上の $m-1$ 次元球体である．しかも，$f|D$ の $\partial(\partial B-\mathring{B}')=\partial B'$ への制限は恒等写像であるから，これは $\partial C'-(\partial B-B')=\partial D'-\mathring{B}'$ 上恒等写像として，$\partial C'$ から $\partial D'$ への PL 同相に拡張される．また，§2.2 の命題 2.4 により，C' から D' への PL 同相へ拡張され，結局，f は PL 同相 $h_E: E=D\cup C'\to E=C\cup D'$ へ拡張される．E は m 次元球体で，$h_E: E\to E$ は ∂E 上恒等写像となる．求める $h: W\to W$ は $W-E$ 上恒等写像として h_E を拡張すればよい．h と W の恒等写像の間の全同位は $I\times(W-\mathring{E})$ 上恒等写像とし，$I\times E$ 上では $h|\partial E$ は恒等写像であるから，命題 2.1 より，∂E を動かさない h_E の全同位をとればよい．∎

定理 3.3 [n] の証明　定理 3.1 [n] を仮定する．(i) を示すには，P の W における特別な導近傍が正則近傍であることをいえばよい．(K, L) を (W, P) の分割とし，(K'', L'') をその 2 回重心細分とする．L' の K' における導近傍 $N=N(L', K')$ が P の W における正則近傍であることを示す．N は明らかに P の W における閉近傍である．§2.4の命題2.15より，$N\searrow P$である．したがってNが多様体であることをみればよい．定理2.5より，Nはハンドル分解

$$N_k = \bigcup_{i=0}^{k}\left(\bigcup_{\substack{A\in L\\ |A|=i}} st(\hat{A}, K'')\right), \qquad k = 0, 1, \cdots, \dim P$$

をもつ．N_0はm球体$st(\hat{A}, K'')$の直和であるから，m次元多様体である．N_{k-1}がm次元多様体とすれば，N_kはN_{k-1}から∂N_{k-1}に独立なkハンドル$st(\hat{A}, K'')=M_{\hat{A}}$, $A\in L$かつ$|A|=k$, をはりつけて得られる．$M_{\hat{A}}$はm球体で，$M_{\hat{A}}\cap N_{k-1}=\partial(M_{\hat{A}})\cap\partial N_{k-1}$は$\partial A\times M_A$とPL同型である．命題3.1の系より，$M_A$は$m-k$次元球体で，したがって$\partial A\times M_A$は$m$次元多様体である．定理3.2[$n$]の系より，$N_k$も$m$次元多様体となる．帰納的に$N$は$m$次元多様体であることが示された．

(ii)を示すためには，PのWにおける正則近傍N_1, N_2の内部の共通部分に，重心細分による導近傍Nをとり，$N_2=N$として示せば十分である．また，$N_1\searrow P$であるから，(N_1, P)の分割(J_1, L_1)が存在して，$J_1\searrow L_1$となる．(W, N_1)のかってな分割を(K_1, J_2)とする．J_2の細分はJ_1の星状細分$\delta J_1=J$としてとれる．J_2のその細分δをK_1に拡大してKを得たとし，$\delta L_1=L$とする．このとき，(K, J, L)は(W, N_1, P)の分割で$J\searrow L$となる．$N=st(L'', J'')$としてもよい．$J\searrow L$を$J_r=L$, $J_0=J$としたとき

$$J_i = J_{i+1}+\sum_{j=1}^{\infty}(A_{ij}, F_{ij}), \qquad i = 0, 1, \cdots, r-1$$

として，$N^i=st(J_i'', J'')$とおく．$(A_{ij}, F_{ij})=(A, F)$とする．$\alpha=st(\hat{A}, J'')$, $\varphi=st(\hat{F}, J'')$, $N_j{}^i=N^{i+1}\cup\alpha\cup\varphi$とおく．$\alpha, \varphi$は$\hat{A}, \hat{F}$からのPL投射によりそれぞれ$st(\hat{A}, J')$, $st(\hat{F}, J')$にうつされる．

$$\alpha\cap N^{i+1} = M_{\hat{A}}\cap\left(\bigcup_{\substack{B<A\\ B\neq F}} M_{\hat{B}}\right) = \bigcup_{\sigma\in(\partial\boldsymbol{A}-\{F\})'} M_{\hat{A}*\sigma}$$

となる．よって，$\hat{A}$からのPL投射により$\alpha\cap N^{i+1}$は，§2.3の命題2.8と同様に，$\beta=st((\partial\boldsymbol{A}-\{F\})'', (\mathrm{Lk}(\hat{A}, J'))')$にうつされる．$A/F=\boldsymbol{a}$とすれば，$\partial\boldsymbol{A}-\{F\}=\boldsymbol{a}*\partial\boldsymbol{F}$は錐であるからこれは可約である．$lk(\hat{A}, J')$は$m-1$次元球面であり，$\beta$は可約な$(\boldsymbol{a}*\partial\boldsymbol{F})'$の$\mathrm{Lk}(\hat{A}, J')$における導近傍である．$m-1\leqq n-1$より定理3.3[$n-1$]の系[$n-1$]より$\beta$は$m-1$次元球体である．よって，$\alpha$は

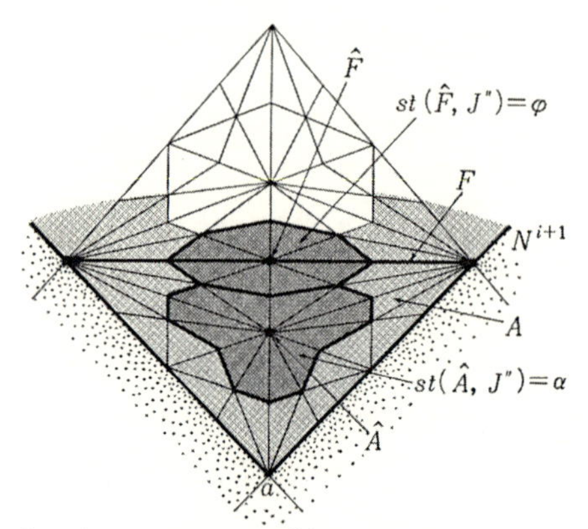

(A, F)による縮約は，N^{i+1}にはりついたコブα
および$N^{i+1}\cup\alpha$にはりついたコブφを与える

図 3.4

N^{i+1}にはりつけられたコブである．$\alpha\subset\mathring{st}(\hat{A}, K)$であるから，補題3.1[$n$]より，$\mathring{st}(\hat{A}, K)$に台をもつ PL 同型 $h^1: M\to M$ により $h_1(N^{i+1})=N^{i+1}\cup\alpha$ となる．φ についても，$\varphi\cap(N^{i+1}\cup\alpha)$ は $m-1$ 次元球体 $st((\hat{A}*\partial F')', \mathrm{Lk}(\hat{F}, K')')$ に PL 同型であるから，$st(\hat{F}, K)$ に台をもつ PL 同型 $h^2: N^{i+1}\cup\alpha\to N^i\cup\alpha\cup\varphi$ が存在する．$h_j=h^2\circ h^1$ とおく．$J_i\searrow J_{i+1}$ は独立な縮約であるから，h_j と h_k の台は互いに交わらない．よって，$g_{i+1}: N^{i+1}\to N^i$ が $g_{i+1}=\cdots\circ h_{j+1}\circ h_j\circ\cdots\circ h_1$ として定義される．各 h_j は P を動かさないので，g_{i+1} は P を動かさない．また，$N_1\subset\mathring{W}$ のときには，各 h_j は $U-P$ に台をもつ全同位としてとれるので，g_{i+1} は $U-P$ に台をもつ全同位で，$g_{i+1}(N^{i+1})=N^i$ を満たす．$h=g_1\circ\cdots\circ g_r$ とおけば，$N^r=st(L'', J'')=N_1$，$N^0=st(J'', J'')=N$ であるから，これが求めるものである．∎

定理 3.4 [n] (多様体の均質性 (homogeneity of manifold)) $m\leqq n$ とする．M を m 次元多様体，B_1, B_2 を M の内部の m 次元球体とする．B_1, B_2 が M の同じ連結成分に属すれば，M の全同位 $h: M\to M$ が存在し，$h(B_1)=B_2$ となる．実際，b_1, b_2 を B_1, B_2 の内点とすれば，$h(b_1)=b_2$ が成り立つ．

証明 b_1, b_2 をそれぞれ B_1, B_2 の内部の点とする．

[主張] M の全同位 $g: M\to M$ により，$g(b_1)=b_2$ となる．

$\mathring{M}$ は連結であるから，連続写像 $f: [1, 2]\to M$ で，$f(1)=b_1$，$f(2)=b_2$ となる f がとれる．$f(t), t\in[1, 2]$，が ∂M に属すればカラー近傍にそって M の内部へ

押しこめば，$f([1,2])\subset\mathring{M}$ となる．各 $t\in[1,2]$ に対し，$f(t)=b_t$ とおくと，$b_t\in\mathring{M}$ であるから，b_t の M における球体近傍 B_t が存在し，$b_t\in\mathring{B}_t$ となる．$\{\mathring{B}_t \mid t\in[1,2]\}$ はコンパクト集合 $f([1,2])$ の開被覆であるから，有限部分被覆 $\{B_{t_i}\mid i=1,\cdots,k\}$ を有する．$B_{t_i}=B^i$ とおき，$b_1\in\mathring{B}^1$，$\mathring{B}^i\cap\mathring{B}^{i+1}\neq\phi$，$i=1,\cdots,k-1$，かつ $b_2\in\mathring{B}^k$ としてよい．各 $\mathring{B}^i\cap\mathring{B}^{i+1}$，$i=1,\cdots,k-1$，に 1 点 c_i をとる．$c_0=b_1$，$c_k=b_2$ とおく．各 B^i は m 単体と PL 同型で，$\mathring{B}^i\ni\{c_{i-1},c_i\}$，$i=1,\cdots,k$，である．よって，$\partial B^i$ 上の恒等写像は c_{i-1} を c_i にうつす B^i の $\mathring{B}^i$ に台をもつ全同位に拡大される．これは，M の $\mathring{B}^i$ に台をもつ全同位 $h_i:M\to M$ に拡大される．$g=h_k\circ\cdots\circ h_1$ が主張で求められた M の全同位である．

よって，定理 3.4 の証明は，$b_1=b_2$ の場合を示せばよい．B_1, B_2 は $b_1=b_2$ に縮約する．実際，B_i，$i=1,2$，は m 単体 A と PL 同型で b_i の像を a_i とすると，$a_i\in\mathring{A}$ であり，$A=a_i*\partial A\searrow a_i$ となるからである．よって，B_1, B_2 は $b_1=b_2$ の正則近傍で，$B_1\cup B_2\subset\mathring{M}$ より全同位 $h:M\to M$ が存在して，$h(B_1)=B_2$ となる．▮

かくして，球体定理の証明がつぎのようにして完結する．

定理 3.1（球体定理 $[n+1]$）の証明　$m\leqq n+1$ とし，B を m 球体とする．B' を ∂B 上の $m-1$ 球体とする．A を m 単体とし，$g:B\to A$ を PL 同相とする．A の $m-1$ 面 E をとり，$A=a*E$ と分解する．$g(B')$ は ∂A 上の $m-1$ 球体であるから，定理 3.4 $[n]$ より，∂A の同型 $h':\partial A\to\partial A$ が存在して，$f(g(B'))=E$ となる．h' の錐拡大 $\hat{A}*h':A=\hat{A}*\partial A\to A=\hat{A}*\partial A$ を h とおく．B_1, B_2 に対しこの h をそれぞれ $h_1:(B_1, B_1')\to(A,E)$，$h_2:(B_2, B_2')\to(A,E)$ とする．このとき，$f:B_1'\to B_2'$ に対し，PL 同型 $h_2^{-1}\circ f\circ h_1:E\to E$ が得られる．その錐拡大 $a*(h_2\circ f\circ h_1^{-1}):a*E=A\to a*E=A$ を F' とし，$F=h_2^{-1}\circ F'\circ h_1$ とおけば，これが求めるものである．▮

定理 3.5（円環性定理）　N を P の正則近傍とし，N' は P の N における正則近傍で，$N'\subset\mathring{N}$ とする．このとき，$N-\mathring{N}'$ は $\partial N\times[0,1]$ に PL 同型である．

証明　(K,L) を (N,P) の正則分割とする．$N_0=st(L',K')$，$N_1=st(L'',K'')$ とおく．$\partial N_0=\dot{st}(L',K')$ である．$\dot{\mathrm{S}}\mathrm{t}(L',K')$ は明らかに K' の正則部分複体で，

$$N_0-\mathring{N}_1=st((\dot{\mathrm{S}}\mathrm{t}(L',K'))',(\mathrm{St}(L',K'))')$$

が成立する．よって，N_0-N_1 は ∂N_0 のカラー近傍 $(\partial N_0\times[0,1])$ である．正則

近傍の一意性から，PL 同型 $h: N \to N_0$ が存在して，$h|P=id$ となる．$h(N')$ は P の N_0 における正則近傍で，N_1 も P の N_0 での正則近傍である．$h(N') \cup N_1 \subset \mathring{N}_0$ であるから，$\partial N_0 \cup P$ を動かさない PL 同型 $g: N_0 \to N_0$ が存在し，$g(h(N'))=N_1$ となる．よって，$N-\mathring{N}'$ は $N_0-\mathring{N}_1$ と PL 同型，∂N は ∂N_0 と PL 同型であるから，$N-\mathring{N}'$ は $\partial N \times [0,1]$ に PL 同型となる．▌

n 球体のモデルとして，区間 $J=[-1,1]$ の n 重積 J^n をとると都合のよい場合が多い．$J^k \equiv J^k \times 0^{n-k} \subset J^n$ とする．$R_n: J^n \to J^n$ を $R_n(x_1, x_2, \cdots, x_n)=(-x_1, x_2, \cdots, x_n)$ により定義し，J^n の**鏡影**と呼ぶ．

定理 3.6 (B_n) 同型 $h: J^n \to J^n$ は id か R_n に同位である．

(S_n) 同型 $h: \partial J^{n+1} \to \partial J^{n+1}$ は id あるいは $R_{n+1}|\partial J^{n+1}$ に同位である．

証明 $n=0$ のとき，(B_0), (S_0) が共に成立する．(B_{n+1}) を示すには，$h: J^{n+1} \to J^{n+1}$ あるいは $R_{n+1} \circ h: J^{n+1} \to J^{n+1}$ が id に同位であることをいえばよい．そのためには §2.2の命題2.5により，それらの ∂J^{n+1} への制限が id に同位であることをいえばよい．すなわち，(S_n) がいえればよい．結局，帰納的に，$(B_n) \Longrightarrow (S_n)$ を示せばよい．$h: \partial J^{n+1} \to \partial J^{n+1}$ に対し，多様体の同次性により $h(J^n)=J^n$ と仮定してよい．(B_n) により，$h|J^n$ あるいは $R_n \circ h|J^n = R_{n+1} \circ h|J^n$ は id に同位である．命題2.5によりその同位の ∂J^n への制限は $\partial J^{n+1}-J^n$ の id への同位へ拡大される．よって，h あるいは $R_{n+1} \circ h$ は id に同位である．▌

§3.2 PL 多様体の Euler 多面体としての性質

a) k Euler 多面体

(P, Q) を多面体対とし，$\dim P=n$ とする．P が境界 Q をもつ k **Euler 多面体**であるとは，(P, Q) の分割 (K, L) が存在し，K の各胞体 A に対し，$|A| \geqq n-k$ のとき，

$$A \in K-L \quad \text{に対し} \quad \chi(\dot{K}_A)=1-(-1)^{n-|A|},$$
$$A \in L \quad \text{に対し} \quad \chi(\dot{K}_A)=1$$

が成立するときをいう．このとき，$Q=\partial P$, $L=\partial K$ と表わし，$(P, \partial P)$ は n 次元 k **Euler 多面体**であるという．$\partial P=\phi$ のときは，単に P を n 次元 k Euler 多面体という．$(P, \partial P)$ が k Euler 多面体であるという性質は分割 $(K, \partial K)$ のとり方によらない．(§2.1, e) の命題2.2と共通細分の存在による．）$k \geqq n$ のとき，$(P,$

∂P) は n 次元 **Euler 多面体**といわれる.

例 3.1 n 次元 PL 多様体 M は境界 ∂M をもつ Euler 多面体である. 実際, M の分割 K に対し, $A \in K - \partial K$ であれば, $|\dot{K}_A|$ は $n-|A|-1$ 次元球面で, $\chi(\dot{K}_A)=1-(-1)^{n-|A|}$, また $A \in \partial K$ のときは, $\dot{M}_A$ は $n-|A|-1$ 次元球体で, $\chi(\dot{K}_A)=1$ となるからである. ——

一般に P を n 次元多面体とし, K を P の胞体的分割とする. K の重心細分 K' の p 単体は K の胞体の列 $A_0 < \cdots < A_p$ に対し, $\hat{A}_0 * \cdots * \hat{A}_p$ と表わされる. 頂点の順序 $\hat{A}_0, \cdots, \hat{A}_p$ を固定すると, K' の向きづけられた単体 $\sigma = \langle \hat{A}_0 \cdots \hat{A}_p \rangle$ が得られる. $\|\sigma\| = |A_0| + \cdots + |A_p|$ とおく. K' の整係数(無限)鎖 $S_p(K) \in C_p(K'; \boldsymbol{Z})$ を

$$S_p(K) = \sum_{\substack{\sigma \in K' \\ |\sigma|=p}} (-1)^{\|\sigma\|} \cdot \sigma$$

と定義して, K の **p 次元 Stiefel 鎖**, 簡単のために, S_p 鎖と呼ぶことにする. $S_0(K)$ はサイクルで, K の **Euler サイクル**と呼ばれる.

補題 3.2 (境界公式) K を n 次元胞体的複体とする. 各整数 $p=0, 1, \cdots, n-1$ に対し,

$$\partial S_{p+1}(K) = \sum_{\sigma} \{1 + (-1)^{|A_\sigma|+p} \{1 - \chi(\dot{K}_{A_\sigma})\}\} (-1)^{\|\sigma\|} \cdot \sigma,$$

ただし, $\sigma = \langle \hat{A}_0 \cdots \hat{A}_p \rangle$ のとき, $A_\sigma = A_p$ であるとする. とくに, $\partial S_n(K) \neq 0$ である.

証明 $\partial S_{p+1}(K) = \sum_{\sigma} \lambda(\sigma) \cdot (-1)^{\|\sigma\|} \cdot \sigma$ とおく. $\sigma = \langle \hat{A}_0 \cdots \hat{A}_p \rangle$ であるとすれば,

$$\begin{aligned}\lambda(\sigma) &= \sum_{A < A_0} (-1)^{|A|} + \sum_{i=0}^{p-1} (-1)^{i+1} \sum_{A_i < A < A_{i+1}} (-1)^{|A|} + (-1)^{p+1} \sum_{A_p < A \in K} (-1)^{|A|} \\ &= \chi(\partial \boldsymbol{A}_0) + \sum_{=0}^{p-1} (-1)^{i+1} \chi(\delta(A_i, \partial \boldsymbol{A}_{i+1})) + (-1)^{p+1} \chi(\delta(A_p, K)).\end{aligned}$$

$\delta(A, K) = \{B \in K \mid A < B\}$ と表わせば, $\dot{K}_A = \sum_{B \in \delta(A,K)} (\dot{\boldsymbol{B}}_A - (\partial \boldsymbol{B})_A{}^{\cdot})$ と表わされ, 各 B, ∂B はそれぞれ $|B|$ 次元球体, $|B|-1$ 次元球面だから, $\dot{\boldsymbol{B}}_A$, $(\partial \boldsymbol{B})_A{}^{\cdot}$ は $|B| - |A| - 1$ 次元球体, $|B|-|A|-2$ 次元球面である.

$\chi(\dot{\boldsymbol{B}}_A - (\partial \boldsymbol{B})_A{}^{\cdot}) = (-1)^{|B|-|A|-1}$ より,

$$\begin{aligned}\chi(\delta(A, K)) &= \sum_{B \in \delta(A,K)} (-1)^{|B|} = \sum_{B \in \delta(A,K)} (-1)^{|A|-1} \chi(\dot{\boldsymbol{B}}_A - (\partial \boldsymbol{B})_A{}^{\cdot}) \\ &= (-1)^{|A|-1} \chi(\dot{K}_A)\end{aligned}$$

となる．

$$\chi(\delta(A_i, \partial A_{i+1})) = (-1)^{|A_i|-1}\chi((\partial A_{i+1})_{A_i}^{\cdot})$$
$$= (-1)^{|A_i|-1}\cdot(1-(-1)^{|A_{i+1}|-|A_i|-1})$$
$$= (-1)^{|A_i|-1}+(-1)^{|A_{i+1}|-1},$$
$$\chi(\delta(A_p, K)) = (-1)^{|A_p|-1}\chi(\dot{K}_{A_p})$$

であるから，

$$\lambda(\sigma) = 1+(-1)^{|A_0|-1}+\sum_{i=0}^{p-1}(-1)^{i+1}\{(-1)^{|A_i|-1}+(-1)^{|A_{i+1}|-1}\}$$
$$+(-1)^{p+1}\cdot(-1)^{|A_p|-1}\chi(\dot{K}_{A_p})$$
$$= 1+(-1)^{|A_p|+p}\{1-\chi(\dot{K}_{A_p})\}$$
$$= 1+(-1)^{|A_\sigma|+p}\{1-\chi(\dot{K}_{A_\sigma})\}$$

を得る．また，$p=n$ で A_σ が n 胞体のとき，$\lambda(\sigma)=2$ であるから，$\partial S_n(K)\neq 0$ である．▌

系 1　$(K, \partial K)$ を胞体的複体の対とし，$\dim K=n$ とすれば，$(|K|, |\partial K|)$ が n 次元 k Euler 多面体であるための必要十分条件は，各整数 p，ただし $n-1\geqq p\geqq n-k$，に対し，つぎが成立することである．

$$\partial S_{p+1}(K) = \{1-(-1)^{n-p}\}S_p(K)+(-1)^{n-p}S_p(\partial K).$$

証明　境界公式から明らかである．▌

系 2　$(P, \partial P)$ を n 次元 k Euler 多面体とする．$k\geqq 1$ で，$\dim(\partial P)=m$ とすれば，∂P は $k-(n-m)$ Euler 多面体で，$m=n-1 \pmod 2$ である．

証明　$(K, \partial K)$ を $(P, \partial P)$ の分割とすれば，境界公式から，

$$0 = \partial(\partial S_{p+2}(K))$$
$$= \{1-(-1)^{n-(p+1)}\}[\{1-(-1)^{n-p}\}S_p(K)+(-1)^{n-p}S_p(\partial K)]$$
$$+(-1)^{n-(p+1)}\cdot\partial S_{p+1}(\partial K),$$

したがって，

$$\partial S_{p+1}(\partial K) = \{1-(-1)^{n-p-1}\}S_p(\partial K)$$

を得る．とくに，$p=m-1$ のときに，$\dim(\partial P)=m$ より $\partial S_m(\partial K)\neq 0$ であるから，$m\equiv n-1 \pmod 2$ である．系 1 より，∂K は（境界のない）m 次元の $k-(n-m)$ Euler 多面体である．▌

例 3.2　P^2 を 2 次元実射影平面と同相な多面体とする．P^2 のサスペンション

(suspension) $S^0 * P^2$ は3次元の Euler 多面体で，2点 S^0 を境界とする．また，錐体 $0 * P^2$ は3次元の Euler 多面体で，境界は $\{0\} \cup P^2$ となる．一般に，Euler 多面体の境界はいろいろな次元の連結成分をもつ．

b) Euler 多面体の Stiefel ホモロジー類

$(P, \partial P)$ を n 次元 k Euler 多面体とし，$(K, \partial K)$ をその分割とする．$S_p(K) \in C_p(K'; \boldsymbol{Z})$ を相対鎖 $S_p(K) \in C_p(K', (\partial K)'; \boldsymbol{Z})$ としたとき，$S_p(K, \partial K)$ と表わす．これを mod 2 で考えるとき，$s_p(K, \partial K)$ $(\in C_p(K', (\partial K)'; \boldsymbol{Z}_2))$ と表わす．このときつぎが成り立つ．

命題 3.2 (i) 各整数 $p \geqq n-k+1$ に対し，

$$s_p(K, \partial K) \in C_p(K', (\partial K)'; \boldsymbol{Z}_2)$$

は (mod 2) サイクルである．

(ii) $n-p$ を奇数とし，$p \geqq n-k+1$ とすれば，

$$S_p(K, \partial K) \in C_p(K', (\partial K)'; \boldsymbol{Z})$$

はサイクルで，

$$\partial S_{p+1}(K, \partial K) = 2S_p(K, \partial K) \in C_p(K', (\partial K)'; \boldsymbol{Z})$$

となり，$S_p(K, \partial K)$ のホモロジー類 $[S_p(K, \partial K)] \in H_p(K', (\partial K)'; \boldsymbol{Z})$ は $s_{p+1}(K, \partial K)$ のホモロジー類 $[s_{p+1}(K, \partial K)] \in H_{p+1}(K', (\partial K)'; \boldsymbol{Z}_2)$ の Bockstein 準同型 $\beta: H_{p+1}(K', (\partial K)'; \boldsymbol{Z}_2) \to H_p(K', (\partial K)'; \boldsymbol{Z})$ の像である．とくに，k が奇数であれば，$(P, \partial P)$ は $k+1$ Euler 多面体となる．

証明 系1より，$p \geqq n-k+1$ のとき，

$$\partial S_p(K) = \{1+(-1)^{n-p}\} S_{p-1}(K) - (-1)^{n-p} S_{p-1}(\partial K),$$

したがって，$C_{p-1}(K', (\partial K)'; \boldsymbol{Z})$ では，

$$\partial S_p(K, \partial K) = \{1+(-1)^{n-p}\} S_{p-1}(K, \partial K)$$

となる．よって，$s_p(K, \partial K)$ は $p \geqq n-k+1$ に対しサイクルとなる．したがって (i) が示された．

また，$p \geqq n-k+1$ かつ $n-p$ が奇数であれば，$S_p(K, \partial K)$ はサイクルであり，

$$\partial S_{p+1}(K, \partial K) = 2S_p(K, \partial K)$$

を得る．これは，$\beta[s_{p+1}(K, \partial K)] = [S_p(K, \partial K)]$ ということに他ならない．さらに，k が奇数であれば，$p = n-k$ のとき，

$$\partial S_{p+1}(K) = 2S_p(K) - S_p(\partial K)$$

となる．∂P は，$\dim \partial F = m$ とすれば，$n-1 \equiv m \pmod 2$ で m 次元 $k-(n-m)$ Euler 多面体であるから，$p=n-k=m-(k-(n-m)) \geqq m-k+1$ より，$\partial S_p(\partial K) = 2S_{p-1}(\partial K)$，よって $2\partial S_p(K) = 2S_{p-1}(\partial K)$，すなわち $\partial S_p(K) = S_{p-1}(\partial K)$ を得る．系1より，これは $(P, \partial P)$ が $k+1$ Euler 多面体であるということを示している．▮

系 $(P, \partial P)$ を n 次元 Euler 多面体とする．n が奇数であれば，$(P, \partial P)$ のかってな分割 $(K, \partial K)$ に対し，K の Euler サイクル $S_0(K)$ に対し，$2S_0(K) - S_0(\partial K)$ は $C_0(K; \boldsymbol{Z})$ での境界サイクル（すなわち，ホモローグ 0）である．とくに，$\partial K = \phi$ のとき，$2S_0(K)$ は境界サイクルである．P がコンパクトであれば，$2\chi(K) = \chi(\partial K)$，$\partial K = \phi$ のときには，$\chi(K) = 0$ が得られる．（§1.1，定理1.1の系と比較せよ.）

証明 n は奇数であるから，

$$\partial S_1(K) = 2S_0(K) - S_0(\partial K)$$

を得る．P がコンパクトならば K は有限で，$2\chi(K) = \chi(\partial K)$ であることは添加射 (augmentation)

$$H_0(K'; \boldsymbol{Z}) \longrightarrow \boldsymbol{Z}, \qquad H_0((\partial K)'; \boldsymbol{Z}) \longrightarrow \boldsymbol{Z}$$

および包含写像の誘導する準同型 $H_0((\partial K)'; \boldsymbol{Z}) \to H_0(K'; \boldsymbol{Z})$ が可換な三角図式

$$\begin{array}{ccc} H_0((\partial K)'; \boldsymbol{Z}) & \longrightarrow & H_0(K'; \boldsymbol{Z}) \\ & \searrow \quad \swarrow & \\ & \boldsymbol{Z} & \end{array}$$

をなすこと，また，$S_0(K)$ と $S_0(\partial K)$ の添加射による像が $\sum_{A \in K} (-1)^{|A|} = \chi(K)$，$\sum_{B \in \partial K} (-1)^{|B|} = \chi(\partial K)$ であることから明らかである．▮

$p \geqq n-k+1$，$n-p$ が奇数のとき，$[S_p(K, \partial K)]$ を $(K, \partial K)$ の p 次元 **Stiefel ホモロジー類**，単に，S_p **(ホモロジー) 類**と呼ぶことにする．S_p 類の mod 2 還元は $[s_p(K, \partial K)]$ で，各 $p \geqq n-k+1$ に対し，$[s_p(K, \partial K)]$ は mod 2 あるいは **$\boldsymbol{Z}_2$ Stiefel ホモロジー類**，単に，s_p 類と呼ばれる．

c) Stiefel ホモロジー類の不変性

まず，Euler 標数の積公式を示しておく．

命題 3.3 (Euler 標数の積公式) K, L を胞体的複体とすれば，$\chi(K \times L) = \chi(K) \cdot \chi(L)$ が成り立つ．

証明

$$\chi(K)\cdot\chi(L)=\left(\sum_{A\in K}(-1)^{|A|}\right)\cdot\left(\sum_{B\in L}(-1)^{|B|}\right)$$
$$=\sum_{A\in K}\sum_{B\in K}(-1)^{|A|+|B|}$$
$$=\sum_{A\times B\in K}(-1)^{|A\times B|}=\chi(K\times L).$$ ∎

このことからつぎの命題が成り立つのは明らかである.

命題 3.4 $(P_i,\partial P_i)$, $i=1,2$, を n_i 次元の k_i Euler 多面体とし, $k=\min(k_1, k_2)$ とおく.

$(P_1\times P_2, P_1\times\partial P_2\cup\partial P_1\times P_2)$ は n_1+n_2 次元 k Euler 多面体である.

定理 3.7 (s 類および S 類の細分不変性) $(P,\partial P)$ を n 次元 k Euler 多面体とし, $(K,\partial K)$ を $(P,\partial P)$ の分割, $(L,\partial L)$ を $(K,\partial K)$ の細分とする.

(i) $[S_0(L)]=[S_0(K)]\in H_0(P;\boldsymbol{Z})$,

(ii) $n-p$ が奇数で $p\geqq n-k$ のとき,

$$[S_p(L,\partial L)]=[S_p(K,\partial K)]\in H_p(P,\partial P;\boldsymbol{Z}),$$

(iii) $p\geqq n-k+1$ のとき,

$$[s_p(L,\partial L)]=[s_p(K,\partial K)]\in H_p(P,\partial P;\boldsymbol{Z}_2)$$

が成立する.

証明 $J=[-1,1]$ とし J の分割 $\boldsymbol{J}=\{J,-1,1\}$ をとる. $\hat{J}=0$ である. $(G,H)=\{(K\times\boldsymbol{J},\partial K\times\boldsymbol{J})-(K,\partial K)\times\{1\}\}\cup(L,\partial L)\times\{1\}$ とおく. (G,H) は(凸)胞体的複体ではない. たとえば, K の胞体 A に対し, $A\times J$ は $\boldsymbol{A}\times\boldsymbol{J}$ でおおわれる筈であるが, G は $A\times J$ を $G(A\times J)=(\boldsymbol{A}\times\boldsymbol{J}-\boldsymbol{A}\times\{1\})\cup L(\boldsymbol{A})\times\{1\}$ によっておおうからである. しかしながら, $A\times J$ の面の全体を $G(A\times J)$ と定めれば, その重心細分 G' 等がふつうの胞体的複体に対する手順で定義される. $\hat{J}=0$ であるから, $(P,\partial P)\times[0,1]$ は (G',H') の部分複体 (G^+,H^+) でおおわれる.

(i) を示すために, 1 次元鎖 $c_1\in C_1(G^+;\boldsymbol{Z})$ をつぎのように定義する. L の各胞体 A に対して, K の胞体 B で, $\mathring{A}\subset\mathring{B}$ となるものが一意的に定まる. $\tau_A=\langle\hat{A}\times\{1\}\ \hat{B}\times\{0\}\rangle$ として, $c_1=\sum_{A\in L}(-1)^{|A|}\tau_A$ と定める.

$$\partial c_1=\sum_{\substack{A\in L\\ \mathring{A}\subset\mathring{B},\,B\in K}}(-1)^{|A|}(\hat{B}\times\{0\}-\hat{A}\times\{1\})$$

$$=\sum_{B\in K}\left(\sum_{A\in L(B)-L(\partial B)}(-1)^{|A|}\right)\hat{B}\times\{0\}-S_0(L)\times\{1\}$$

となる．

$$\sum_{A\in L(B)-L(\partial B)}(-1)^{|A|}=\chi(L(B)-L(\partial B))=(-1)^{|B|}$$

より，

$$\partial c_1=S_0(K)\times\{0\}-S_0(L)\times\{1\}$$

を得る．第1因子への射影 $p_1:P\times I\to P$ は $L'\times\{1\}$ を L' 上へ，また，$K'\times\{0\}$ を K' 上へ線型同型にうつす．よって，p_1 の誘導する鎖準同型 $(p_1)_\sharp:C_*(P\times I;\boldsymbol{Z})\to C_*(P;\boldsymbol{Z})$ により，$\partial((p_1)_\sharp c_1)=(p_1)_\sharp(\partial c_1)=S_0(K)-S_0(L)$ となる．ただし，c_1, $S_0(K)$, $S_0(L)$ は特異鎖とみなす．すなわち，$[S_0(K)]=[S_0(L)]$ が成立する．

(ii) を示すには，$\beta[s_{p+1}(K,\partial K)]=[S_p(K,\partial K)]$，かつ Bockstein 準同型 β は自然な準同型であるから，(iii) を示せば十分である．$(P\times J, P\times\{-1\}\cup P\times 1\cup\partial P\times J)$ は $n+1$ 次元 k Euler 多面体である．$p\geqq n-k+1$ のとき，

$$\partial S_{p+1}(G)=\{1+(-1)^{n-p}\}S_p(G)-(-1)^{n-p}S_p(\partial G)$$

を得る．ここで，$\partial G=K\times\{-1\}\cup L\times 1\cup H$ であるから，$S_{p+1}(G)$ を $C_{p+1}(G', H';\boldsymbol{Z}_2)$ で考えたものを c_{p+1} とすれば，

$$\partial c_{p+1}=s_p(K)\times\{-1\}+s_p(L)\times 1\in C_p(G', H';\boldsymbol{Z}_2)$$

を得る．よって，第1因子への射影 $p_1:P\times J\to P$ により，

$$\partial((p_1)_\sharp c_1)=s_p(K)+s_p(L),$$

すなわち，

$$[s_p(K)]=[s_p(L)]$$

を得る．▌

かくして，s 類および S 類は Euler 多面体 $(P,\partial P)$ の分割によらずに定まり，これを $s_p(P,\partial P)$，$S_p(P,\partial P)$ と表わす．つぎの系が明らかに成立する．

系 (PL 不変性) $f:(P,\partial P)\to(Q,\partial Q)$ を PL 同型とし，$(P,\partial P)$ を n 次元 k Euler 多面体とする．このとき，$(Q,\partial Q)$ も n 次元 k Euler 多面体で，

$$\text{各 } p\geqq n-k+1 \quad \text{に対し} \quad f_*s_p(P,\partial P)=s_p(Q,\partial Q),$$
$$n-p \text{ が奇数} \quad \text{ならば} \quad f_*S_p(P,\partial P)=S_p(Q,\partial Q)$$

が成立する．

§3.3 双対定理

a) n 相体

多面体の対 (X, P) が **n 相体** $X \bmod P$ と呼ばれるのは，$X-P$ の各連結成分の次元が一定値 n で，1 Euler 多面体であるときをいう．$X \bmod P$ が n 相体であることは，つぎの (i), (ii) それぞれと同値である．

(i) (X, P) の分割 (K, L) に対して，$K-L$ の各 $n-1$ 胞体がちょうど二つの $K-L$ の n 胞体の共通面であり，$X-P$ の各連結成分に K の n 胞体が含まれること．

(ii) K の $n-2$ 骨格を $K_{(n-2)}$ とすれば，$X-P-|K_{(n-2)}|$ が PL n 多様体であること．

n 相体 $X \bmod P$ の単体分割 (K, L) に対し $s_n(K)$ を $C_n(X, P; \boldsymbol{Z}_2)$ の元とみなし，$s_n(K, L)$ とすれば，$s_n(K, L)$ はサイクルで，$s_n(X, P)=[s_n(K, L)] \in H_n(X, P; \boldsymbol{Z}_2)$ は，$X \bmod P$ の **$\boldsymbol{Z}_2$ 基本類**と呼ばれる．$H_n(X, P; \boldsymbol{Z}_2)=\boldsymbol{Z}_2$ であるとき，$X \bmod P$ は**既約 n 相体**といわれる．このとき，$s_n(X, P)$ は $H_n(X, P; \boldsymbol{Z}_2)=\boldsymbol{Z}_2$ の生成元である．$K-L$ の二つの n 単体 A, B が $K-L$ で**正則連結である**とは，$K-L$ の n 単体の列 $A_0, \cdots, A_k$ が存在して，各 $i=0, \cdots, k-1$ に対し，$A_i \cap A_{i+1}$ が $K-L$ の $n-1$ 単体となるときをいう．このとき，$A \sim B$ と表わせば，$\sim$ は同値関係で，これによって $K-L$ の n 胞体の全体は同値類 $J_1, \cdots, J_r, \cdots$ にわけられる．各 J_r の K における複体化 $\overline{J_r}=\{A \mid A \leqq B \in J_r\}$ を K_i，$K_i \cap L$ を L_i と表わす．K_i は $K \bmod P$ での (n 次元同次) **既約成分**と呼ばれる．K_i, K_j を相異なる既約成分とすれば，$K_i \cap K_j \subset K_{(n-2)} \cup L$ となる．$|K_i|-|L_i|$ は連結で，$X-P-|K_{(n-2)}|$ は PL 多様体であるから，各 $|K_i|$ は $X-P-|K_{(n-2)}|$ の連結成分の X における閉包 X_i に一致している．$|L_i|=X_i \cap P$ で，これを P_i と表わす．$X_i \bmod P_i$ を $X \bmod P$ の**既約成分**という．

補題 3.3 n 相体 $X \bmod P$ の分割 (K, L) に対し，$K-L$ のかってな二つの n 胞体が正則連結であるための必要十分条件は $X \bmod P$ が既約となることである．

注意 既約 n 相体は pseudo-manifold と呼ばれるものである．

証明 $H_n(X, P; \boldsymbol{Z}_2)$ の元を表わすサイクルを

$$c=\sum_{\substack{A \in K-L \\ |A|=n}} a_A \cdot A, \qquad a_A \in \boldsymbol{Z}$$

とおく．すると

$$0 \equiv \partial c = \sum a_A \cdot \partial A \equiv \sum_{\substack{B \in K-L \\ |B|=n-1}} \left(\sum_{\substack{A \in K-L \\ |A|=n}} a_A \cdot [A:B] \right) \cdot B,$$

すなわち，

$$\sum_{\substack{A \in K-L \\ |A|=n}} a_A \cdot [A:B] \equiv 0 \pmod 2$$

($[A:B]$ は B の A への結合係数)を得る．$K-L$ の $n-1$ 単体 B はちょうど二つの $K-L$ の n 単体 A_B, A_B' の共通面であるから，

$$\begin{aligned}\sum_{\substack{A \in K-L \\ |A|=n}} a_A \cdot [A:B] &= a_{A_B} \cdot [A_B : B] + a_{A_B'} \cdot [A_B' : B] \\ &\equiv a_{A_B} + a_{A_B'} \equiv 0 \pmod 2\end{aligned}$$

となる．すなわち，A と A' が $K-L$ の $n-1$ 単体を共通面とすれば，$a_A \equiv a_{A'}$ (mod 2) となる．

したがって，A と A' が $K-L$ で正則連結であれば，$a_A \equiv a_{A'}$ となる．よって，$K-L$ のかってな二つの n 単体が正則連結のときには，$c \equiv 0 \pmod 2$ であるか $c \equiv \sum_{\substack{A \in K-L \\ |A|=n}} A \pmod 2$ となる．すなわち，$H_n(K, L; \boldsymbol{Z}_2)$ は $X \bmod P$ が既約であれば，$\sum_{\substack{A \in K-L \\ |A|=n}} A$ で生成され，$H_n(X, P; \boldsymbol{Z}_2) \cong \boldsymbol{Z}_2$ となる．とくに，(X, P) の分割として，(K', L') をとると，$s_n(K', L') \equiv \sum_{\substack{\sigma \in K'-L' \\ |\sigma|=n}} \sigma$ であるから，$H_n(X, P; \boldsymbol{Z}_2) = \boldsymbol{Z}_2$ は $s_n(X, P)$ で生成される．

逆に，$H_n(X, P; \boldsymbol{Z}_2) \cong \boldsymbol{Z}_2$ とする．$X \bmod P$ の既約成分を $X_i \bmod P_i$ とすると，

$$H_n(X, P) \overset{i_*}{\cong} H_n(X, P \cup |K_{(n-2)}|) \overset{exc}{\cong} \sum_i H_n(X_i, P_i),$$

ただし，i は包含写像，exc は切除同型 (excision isomorphism) である．

$s_n(X_i, P_i) \in H_n(X_i, P_i; \boldsymbol{Z}_2)$ より各 $H_n(X_i, P_i; \boldsymbol{Z}_2) \neq 0$ となる．$H_n(X, P; \boldsymbol{Z}_2) \cong \boldsymbol{Z}_2$ より，$X \bmod P$ はただ一つの既約成分 $X_1 \bmod P_1$ をもつ．すなわち，$K_1 - L_1 = K - L$ のかってな二つの n 単体は正則連結である．▌

補題3.3により，$X \bmod P$ の既約成分 $X_i \bmod P_i$ は既約な n 相体で，

$$H_n(X, P) \cong \sum_i H_n(X_i, P_i)$$

が成立し，とくに，この同型で，$s_n(X, P)$ は $\sum_i s_n(X_i, P_i)$ と同一視され，各 $s_n(X_i, P_i)$ は $H_n(X_i, P_i; \boldsymbol{Z}_2) = \boldsymbol{Z}_2$ の生成元となる．

補題 3.4（向きづけ可能性） n 相体 $X \bmod P$ に対し，つぎの条件(i)～(iii)は互いに同値である．$\beta_n : H_n(X, P; \boldsymbol{Z}_2) \to H_{n-1}(X, P; \boldsymbol{Z})$ を Bockstein 準同型とする．

（i） $\beta_n(s_n(X, P)) = 0$.

（ii） β_n は 0 写像である．すなわち，$\boldsymbol{Z}_2$ 還元列

$$0 \longrightarrow H_n(X, P; \boldsymbol{Z}) \xrightarrow{\times 2} H_n(X, P; \boldsymbol{Z}) \xrightarrow{\bmod 2} H_n(X, P; \boldsymbol{Z}_2) \xrightarrow{(\beta_n)} 0$$

は完全系列である．

（iii） (X, P) の単体分割 (K, L) に対し，整係数 n 次元サイクル

$$\{K, L\} = \sum_{\substack{A \in K \\ |A| = n}} \varepsilon_A \cdot A \in C_n(K, L; \boldsymbol{Z}), \qquad \varepsilon_A = \pm 1$$

が存在する．

証明 補題3.3の下の議論により，n 相体 $X \bmod P$ が既約であると仮定できる．$s_n(X, P)$ は $H_n(X, P; \boldsymbol{Z}_2)$ の生成元であるから，(i)と(ii)の同値は明らかである．(iii) $\Longrightarrow$ (i)は，$\{K, L\}$ の $\boldsymbol{Z}_2$ 還元が $H_n(X, P; \boldsymbol{Z}_2)$ の生成元 $s_n(X, P)$ を表わすことによる．また，(ii) $\Longrightarrow$ (iii)は，$X \bmod P$ は既約としたから，(ii)より，$H_n(X, P; \boldsymbol{Z}) = \boldsymbol{Z}$ を得る．$C_n(K, L; \boldsymbol{Z})$ の 0 でないサイクルを $c = \sum_{\substack{A \in K-L \\ |A| = n}} a_A \cdot A$, $a_A \in \boldsymbol{Z}$, と表わす．補題3.3の証明と同様に，$\partial c = 0$ ということから，A と A' が $K-L$ で正則連結であるから，

$$a_A = \pm a_{A'}$$

を得る．したがって，

$$c = a \cdot \sum_{\substack{A \in K-L \\ |A| = n}} \varepsilon_A \cdot A, \qquad a \in \boldsymbol{Z} - \{0\}, \ \ \varepsilon_A = \pm 1$$

と表わされる．すなわち，$\sum_{\substack{A \in K-L \\ |A| = n}} \varepsilon_A \cdot A$ が求めるサイクルである．∎

n 相体 $X \bmod P$ が**向きづけ可能**(orientable)であるとは，$\beta_n(s_n(X, P)) = 0$ のときをいう．補題3.4の(iii)で与えられるサイクル $\{K, L\}$ の定めるホモロジー類を $X \bmod P$ の**基本類**(fundamental class)と呼ぶ．$X \bmod P$ の基本類は一意的でない．$X \bmod P$ に基本類 $[X, P] \in H_n(X, P; \boldsymbol{Z})$ が指定されたとき，$X \bmod P$ は**向きづけられた**(oriented)という．

b) k 正則相体

n 相体 $X \bmod P$ を 0 **正則** n **相体**と呼ぶ．$k \geqq 1$ に対して，多面体の対 (X, P)

が **k 正則 n 相体** $X \bmod P$ であるとは，つぎの 2 条件 (i), (ii) が満たされるときをいう．

(i) $X-P$ の各連結成分の次元が一定値 n で，

(ii) (X, P) の分割 (K, L) に対し，$K-L$ の各胞体 A について，すべての $i \leqq |A|+k$ に対し，

$$H_i(X, X-\hat{A}\,;\boldsymbol{Z}) \cong H_i(\boldsymbol{R}^n, \boldsymbol{R}^n-0\,;\boldsymbol{Z})$$

が成立する．

切除同型

$$H_i(X, X-\hat{A}) \cong H_i(st(\hat{A}, K'), st(\hat{A}, K')-A),$$

および，$lk(\hat{A}, K')$ は $st(\hat{A}, K')-\hat{A}=\hat{A}*lk(\hat{A}, K')-\hat{A}$ の変形レトラクトであることから，

$$H_i(X, X-\hat{A}) \cong H_i(st(\hat{A}, K'), lk(\hat{A}, K'))$$

が成立する．よって，$X \bmod P$ が k 正則であるという性質は，(X, P) の分割細分により変わらない．すなわち，分割のとり方によらない．

命題 3.5 (X, P) を多面体の対，(K, L) をその分割とする．$X \bmod P$ が k 正則となるための条件 (ii) は，つぎの条件 (ii)_*, (ii)_{**} とそれぞれ同値である．

(ii)_* $K-L$ の胞体 A に対し，すべての $i \leqq k$ に対し，

$$H_i(X_A, \dot{X}_A\,;\boldsymbol{Z}) \cong H_i(B^{n-|A|}, \partial B^{n-|A|}).$$

(ii)_{**} $K-L$ の胞体 A に対し，すべての $i \leqq k-1$ に対し，

$$H_i(\dot{X}_A\,;\boldsymbol{Z}) \cong H_i(\partial B^{n-|A|}).$$

ただし，$B^{n-|A|}$ は $n-|A|$ 次元球体である．

証明 $(st(\hat{A}, K'), lk(\hat{A}, K'))$ が $(\partial A*X_A, \partial A*\dot{X}_A)$ と PL 同型であること，およびサスペンション同型により，(ii) $\Leftrightarrow$ (ii)_* が示される．また，$X_A=\hat{A}*\dot{X}_A$ は可縮 (contractible) であるから，$\text{(ii)}_* \Leftrightarrow \text{(ii)}_{**}$ が示される．∎

(X, P) を多面体の対とする．$X \bmod P$ が**同次**であるとは，$X-P$ の各点 x の X における近傍の次元が $\dim X$ と一致するときをいう．$X \bmod P$ が同次であるということは，(X, P) の分割 (K, L) に対し，$K-L$ の胞体が K の n 胞体の面となるということと同値である．1 正則 n 相体は同次な n 相体となる．したがって，$k \geqq 1$ に対し，k 正則 n 相体は $k-1$ 正則 n 相体である．$k \geqq n$ のとき，k 正則 n 相体は n 次元**ホモロジー多様体**と呼ばれる．n 次元 PL 多様体は明らか

に n 次元ホモロジー多様体である.

命題 3.6 $X \bmod P$ を k 正則 n 相体 $(k \geqq 1)$ とする. (X, P) の単体分割 (K, L), $K-L$ の各単体 A に対し, $\dot{X}_A$ は k 正則 $n-k-1$ 相体で, $X_A \bmod \dot{X}_A$ は k 正則 $n-|A|$ 相体である.

証明 $\dot{X}_A$ は $lk(A, K)$ と PL 同型であるから, $lk(A, K)$ が k 正則 $n-|A|-1$ 相体を示せば, $\dot{X}_A$ も k 正則 $n-|A|-1$ 相体となる. B を $\mathrm{Lk}(A, K)$ の単体とすれば,

$$\mathrm{Lk}(B, \mathrm{Lk}(A, K)) = \mathrm{Lk}(A * B, K)$$

となる. よって,

$$\begin{aligned} H_i(lk(B, \mathrm{Lk}(A, K))) &\cong H_i(lk(A * B, K)) \cong H_i(\partial B^{n-|A*B|}) \\ &\cong H_i(\partial B^{(n-|A|-1)-|B|}) \end{aligned}$$

なる同型がすべての $i \leqq k-1$ に対して得られる. $X \bmod P$ は同次であるから, $lk(A, K)$ の各連結成分は一定の次元 $n-|A|-1$ をもつ. したがって, $lk(A, K)$, すなわち, $\dot{X}_A$ は k 正則 $n-|A|-1$ 相体である. $X_A \bmod \dot{X}_A$ が k 正則 $n-|A|$ -1 相体であることをいうには, $\hat{A} * lk(A, K) \bmod lk(A, K)$ が k 正則 $n-|A|$ 相体であることをいえばよい. $\hat{A} * lk(A, K) - lk(A, K)$ の各連結成分はやはり一定次元 $n-|A|$ をもつ. $\hat{A} * \mathrm{Lk}(A, K) - \mathrm{Lk}(A, K)$ の単体を B とする. $B = \hat{A} * D$ と分解される. よって,

$$\begin{aligned} \mathrm{Lk}(B, \hat{A} * \mathrm{Lk}(A, K)) &= \mathrm{Lk}(\hat{A} * D, \hat{A} * \mathrm{Lk}(A, K)) \\ &= \mathrm{Lk}(D, \mathrm{Lk}(A, K)) \end{aligned}$$

となる. したがって, すべての $i \leqq k-1$ に対し, 同型

$$\begin{aligned} H_i(lk(B, \hat{A} * \mathrm{Lk}(A, K))) &\cong H_i(lk(D, \mathrm{Lk}(A, K))) \\ &\cong H_i(\partial B^{(n-|A|-1)-|D|}) \\ &= H_i(\partial B^{n-|A|-|B|}) \end{aligned}$$

を得る. よって, $\hat{A} * lk(A, K) \bmod lk(A, K)$, すなわち, $X_A \bmod \dot{X}_A$ は k 正則 $n-|A|$ 相体である. ∎

c) 部分 Poincaré-Lefschetz 双対定理

k 正則 n 相体 $X \bmod P$ $(k \geqq 0)$ は n 相体であるから, 向きづけ可能性が定まる. $X \bmod P$ が向きづけ可能で, $[X, P]$ を基本類とする. コンパクトな台をもつ $n-i$ 次元相対コホモロジー群 $H^{n-i}(X, P; \boldsymbol{Z})$ (あるいは $H^{n-i}(X-P; \boldsymbol{Z})$) の各

元 x に，有限鎖のなす i 次元ホモロジー群 $H_i^C(X-P;\boldsymbol{Z})$ (あるいは $H_i(X,P;\boldsymbol{Z})$) の元 $x\cap[X,P]$ を対応させる写像

$$\cap[X,P]:\ H^{n-i}(X,P;\boldsymbol{Z})\longrightarrow H_i^C(X-P;\boldsymbol{Z}),$$
$$\cap[X,P]:\ H^{n-i}(X-P;\boldsymbol{Z})\longrightarrow H_i(X,P;\boldsymbol{Z})$$

が得られ，準同型となる．この準同型に対しつぎが成立する．

定理 3.8 $[n]$ (部分 Poincaré-Lefschetz 双対定理)　k 正則 n 相体 $X \bmod P$ がコンパクト，向きづけ可能で，基本類 $[X,P]$ が与えられたとする．そのとき，

$$\cap[X,P]:\ H^{n-i}(X,P;\boldsymbol{Z})\longrightarrow H_i^C(X-P;\boldsymbol{Z}),$$
$$\cap[X,P]:\ H^{n-i}(X-P;\boldsymbol{Z})\longrightarrow H_i(X,P;\boldsymbol{Z})$$

は，

$$i\leqq k-1 \text{ あるいは } i\geqq n-k+1 \quad \text{のとき　同型},$$
$$i=k \quad \text{のとき　全射}, \qquad i=n-k \quad \text{のとき　単射}$$

となる．さらに，$\boldsymbol{Z}_2$ 係数の場合，$\cap[X,P]$ を $\cap s_n(X,P)$ でおきかえれば，向きづけ可能でないときも類似が成立する．——

定理 3.8 は n に関する帰納法で示される．そのためにつぎのことを仮定する．

[帰納法の仮定]　定理 3.8 $[m]$ がすべての $m\leqq n-1$ に対し成立する．

この仮定のもとにつぎの系が得られる．

系 $[n]$　k 正則 n 相体 $X \bmod P$ の単体分割を (K,L) とする．$k\geqq 2$ あるいは $X \bmod P$ は向きづけ可能とする．そのとき，$K-L$ の各単体 A に対し，

$$H_{n-|A|}(X_A,\dot{X}_A;\boldsymbol{Z})=H^{n-|A|}(X_A,\dot{X}_A;\boldsymbol{Z})=\boldsymbol{Z},$$
$$H_i(X_A,\dot{X}_A;\boldsymbol{Z})=H^i(X_A,\dot{X}_A;\boldsymbol{Z})=0$$

が各 i に対し成立する．ただし $i\leqq k$ あるいは $n-|A|-k-1\leqq i\leqq n-|A|-1$.

証明　$|A|\geqq 1$ として，まず，$k\geqq 2$ のとき $X_A \bmod \dot{X}_A$ が向きづけ可能であることをみる．そのために，$\boldsymbol{Z}_2$ 係数の場合；

$$\cap s_{n-|A|}(X_A,\dot{X}_A):\ H^1(X_A-\dot{X}_A;\boldsymbol{Z}_2)\cong H_{n-|A|-1}(X_A,\dot{X}_A;\boldsymbol{Z}_2)$$

に注意する．

$$H_1(X_A;\boldsymbol{Z}_2)\cong H_1^C(X_A-\dot{X}_A;\boldsymbol{Z}_2)=0$$

より，

$$H^1(X_A-\dot{X}_A;\boldsymbol{Z}_2)=H_{n-|A|-1}(X_A,\dot{X}_A;\boldsymbol{Z}_2)=0$$

を得る．よって，$\beta_{n-|A|}(s_{n-|A|}(X_A,\dot{X}_A))=0$ を得る．すなわち，$X_A \bmod \dot{X}_A$ は

向きづけ可能である．$\hat{A}*\dot{X}_A=X_A$ より，$X_A \bmod \dot{X}_A$ の基本類 $[X, \dot{X}_A]$ の境界 $\partial[X_A, \dot{X}_A] \in H_{n-|A|-1}(\dot{X}_A; \boldsymbol{Z})$ は $\dot{X}_A$ の基本類で，$\dot{X}_A$ も向きづけ可能となる．

$X \bmod P$ が向きづけ可能として，$X_A \bmod \dot{X}_A$ が向きづけ可能であることを示そう．$(\partial A*X_A, \partial A*\dot{X}_A)=(st(\hat{A}, K'), lk(\hat{A}, K'))$ である．$X \bmod P$ の基本類 $[X, P]$ を $C_n(K', L'; \boldsymbol{Z})$ の鎖で表わし，

$$\{K', L'\} = \sum_{\substack{\sigma \in K'-L' \\ |\sigma|=n}} \varepsilon_\sigma \cdot \sigma$$

とする．

$$\{\mathrm{St}(\hat{A}, K'), \mathrm{Lk}(\hat{A}, K')\} = \sum_{\substack{\sigma \in \mathring{\mathrm{St}}(\hat{A}, K') \\ |\sigma|=n}} \varepsilon_\sigma \cdot \sigma$$

とする．$(st(\hat{A}, K'), lk(\hat{A}, K'))$ は $(K_{\hat{A}}', \dot{K}_{\hat{A}}')$ と PL 同型であるから，k 正則 n 相体である．よって，$\{\mathrm{St}(\hat{A}, K'), \mathrm{Lk}(\hat{A}, K')\}$ は $st(\hat{A}, K') \bmod lk(\hat{A}, K')$ の基本類で，その境界 $\partial\{\mathrm{St}(\hat{A}, K'), \mathrm{Lk}(\hat{A}, K')\}$ は $lk(\hat{A}, K')$ の基本類となる．

$$\begin{aligned} H_n(st(\hat{A}, K'), lk(\hat{A}, K'); \boldsymbol{Z}_2) &\cong H_{n-1}(lk(\hat{A}, K'); \boldsymbol{Z}_2) \\ &\cong H^0(lk(\hat{A}, K'); \boldsymbol{Z}_2) = \boldsymbol{Z}_2 \end{aligned}$$

であるから，向きづけ可能性より，

$$H_n(st(\hat{A}, K'), lk(\hat{A}, K'); \boldsymbol{Z}) = \boldsymbol{Z}$$

を得る．サスペンジョン同型により，

$$H_{n-|A|}(X_A, \dot{X}_A; \boldsymbol{Z}) = \boldsymbol{Z}$$

を得る．また，

$$H_{n-|A|}(X_A, \dot{X}_A; \boldsymbol{Z}_2) \cong H^0(X_A; \boldsymbol{Z}_2) = \boldsymbol{Z}_2$$

であるから，$\boldsymbol{Z}_2$ 還元完全系列の部分は

$$0 \longrightarrow \boldsymbol{Z} \xrightarrow{\times 2} \boldsymbol{Z} \longrightarrow \boldsymbol{Z}_2 \quad (\text{完全}),$$

$$0 \longrightarrow \boldsymbol{Z} \xrightarrow{\times 2} \boldsymbol{Z} \longrightarrow \boldsymbol{Z}_2 \longrightarrow 0$$

となる．よって，$\beta_{n-|A|}(s_{n-|A|}(X_A, \dot{X}_A))=0$ である．すなわち，$X_A \bmod \dot{X}_A$ は向きづけ可能である．求める結果は帰納法の仮定および普遍係数定理を使用して得られる．とくに，$|A|=0$ のときには，$\dot{X}_A$ が k 正則 $n-1$ 相体で，$X_A \bmod \dot{X}_A$ の基本類 $[X_A, \dot{X}_A]$ の境界 $\partial[X_A, \dot{X}_A]$ が $\dot{X}_A$ の基本類であることに注意する．∎

定理 3.8 $[n]$ の証明　(K, L) を (X, P) の正則分割とする．

$$N=\bigcup_{B\in L}X_B,\qquad E=\bigcup_{A\in K-L}X_A,\qquad N\cap E=\dot{N}=\dot{E}$$

とおけば，N は P の X における導近傍で，したがって，P は N の変形レトラクトで，$\dot{N}$ は $N-P$ の変形レトラクトである．よって，自然な同型

$$H^{n-p}(X,P)\cong H^{n-p}(X,N)\cong H^{n-p}(E,\dot{E})$$

および

$$H_p{}^C(X-P)\cong H_p(E)$$

が得られる．$[E]$ を $[X,P]$ の同型 $H_n(X,P)\cong H_n(X,N)\cong H_n(E,\dot{E})$ による像とする．写像の自然性からつぎの図式は可換となる．

$$\begin{array}{ccc} H^{n-p}(X,P) & \xrightarrow{\cap[X,P]} & H_p{}^C(X-P) \\ \wr\| & & \wr\| \\ H^{n-p}(E,\dot{E}) & \xrightarrow{\cap[E]} & H_p(E). \end{array}$$

したがって，

$$\cap[X,P]:\ H^{n-i}(X,P)\longrightarrow H_i{}^C(X-P)$$

が，$i\leqq k-1$ あるいは $i\geqq n-k+1$ のとき同型，$i=k$ のとき全射，$i=n-k$ のとき単射であることをいうには，同じことを，

$$H^{n-i}(X,P)\cong H^{n-i}(E,\dot{E})\xrightarrow{\cap[E]}H_i(E)$$

に対して示せばよい．

(i) $\{C^*(K,L),\delta_*\}$ を通常の単体的双対鎖複体 (simplicial cochain complex) とする．$K-L$ の各単体 A を $H_{|A|}(A,\partial A;\boldsymbol{Z})=\boldsymbol{Z}$ の生成元 $[A]$ を指定して向きづける．また，$[A]$ で向きづけられた単体を表わそう．$\mu_A\in H^{|A|}(A,\partial A;\boldsymbol{Z})=\boldsymbol{Z}$ を $[A]$ の双対 (すなわち，$\mu_A[A]=1$ となる元) とする．このとき，同一視

$$\begin{aligned} H^p(K_{(p)}\cup L,\ K_{(p-1)}\cup L) &\cong \sum_{\substack{A\in K-L\\ |A|=p}} H^p(A,\partial A) \\ &= \sum_{\substack{A\in K-L\\ |A|=p}} \boldsymbol{Z}\cdot(\mu_A)=C^p(K,L) \end{aligned}$$

が得られ，双対境界 $\delta_p: C^p(K,L)\to C^{p+1}(K,L)$ は $(K_{(p+1)}\cup L, K_{(p)}\cup L, K_{(p-1)}\cup L)$ に対するコホモロジー完全系列における双対境界

$$H^p(K_{(p)}\cup L,\ K_{(p-1)}\cup L)\longrightarrow H^{p+1}(K_{(p+1)}\cup L,\ K_{(p)}\cup L)$$

と同一視される．

(ii) 双対分割による鎖複体 $\{D_*(E),\partial_*\}$ をつぎのように定める．

$$K^p = \bigcup_{A \in K - K_{(n-p-1)} - L} X_A, \qquad D_p(E) = H_p(K^p, K^{p-1}).$$

$K^{p-2} \subset K^{p-1} \subset K^p$ に対するホモロジー完全系列の境界 $\partial_p : H_p(K^p, K^{p-1}) \to H_{p-1}(K^{p-1}, K^{p-2})$ が得られる．$\{\partial_p : D_p(E) \to D_{p-1}(E)\}$ が求める鎖複体 $\{D_*(E), \partial_*\}$ である．

(iii) 鎖同型 $\mathscr{D}_* : \{C^{n-*}(K, L), \delta_*\} \to \{D_*(E), \partial_*\}$ がつぎのようにして得られる．まず，

$$D_p(E) = H_p(K^p, K^{p-1}) \cong \sum_{\substack{A \in K-L \\ |A|=n-p}} H_p(X_A, \dot{X}_A)$$

となることに注意する．$A \in K-L$, $|A|=n-p$ に対し，系 [n] より，$X_A \bmod \dot{X}_A$ は k 正則 p 相体で，

$$H_p(X_A, \dot{X}_A) = \boldsymbol{Z},$$

かつ，$t>0$ あるいは，$t<0$ で $p+t \leqq k$ のとき，

$$H_{p+t}(X_A, \dot{X}_A) = 0$$

を得る．

$H_p(X_A, \dot{X}_A) = \boldsymbol{Z}$ の生成元，すなわち，$X_A \bmod \dot{X}_A$ の基本類 $([X_A, \dot{X}_A] =)[X_A]$ をつぎのように定める．$[X]_{\hat{A}}$ により，つぎの準同型

$$H_n(X, P) \longrightarrow H_n(X, X-\hat{A}) \cong H_n(st(\hat{A}, K'), lk(\hat{A}, K')) = \boldsymbol{Z}$$

による $[X, P]$ の像を表わす．

系 [n] の証明において，$[X, P]$ を $st(\hat{A}, K')$ 上に制限して得られた $st(\hat{A}, K') \bmod lk(\hat{A}, K')$ の基本類が $[X]_{\hat{A}}$ である．$(st(\hat{A}, K'), lk(\hat{A}, K'))$ は $(A \times X_A, A \times \dot{X}_A \cup \partial A \times X_A)$ に PL 同型であるから，

$$H_n(st(\hat{A}, K'), lk(\hat{A}, K')) = H_{n-p}(A, \partial A) \otimes H_p(X_A, \dot{X}_A)$$

と同一視できる．$H_p(X_A, \dot{X}_A)$ の生成元 $[X_A]$ を

$$[A] \otimes [X_A] = [X]_A$$

となるように定める．かくして，

$$H_p(K^p, K^{p-1}) \cong \sum_{\substack{A \in K-L \\ |A|=n-p}} \boldsymbol{Z} \cdot [X_A]$$

となり，自由加群の間の同型

$$\mathscr{D}_p : C^{n-p}(K, L) = \sum_{\substack{A \in K-L \\ |A|=n-p}} \boldsymbol{Z} \cdot [\mu_A] \longrightarrow D_p(E) = \sum_{\substack{B \in K-L \\ |B|=n-p}} \boldsymbol{Z} \cdot [X_B]$$

を，$\mathcal{D}_p[\mu_A]=[X_A]$ と定義することができる．

$\mathcal{D}_*$ が双対鎖複体から鎖複体への鎖同型であることを示そう．すなわち，

$$(-1)^{n-p+1}\mathcal{D}_{p-1}\circ\delta_{n-p}(\mu_A)=\partial_p\circ\mathcal{D}_p(\mu_A)$$

を示す．

$$\begin{aligned}\delta_{n-p}(\mu_A)[B]&=\mu_A(\partial_{n-p+1}[B])\\&=\mu_A\left(\sum_{\substack{B>C\\|C|=n-p}}[B:C]\cdot[C]\right)\\&=[B:A]\end{aligned}$$

となる．ただし，$[B:A]$ は $[B]$ と $[A]$ の結合係数である．よって，

$$\delta_{n-p}(\mu_A)=\sum_{\substack{A<B\\|B|=n-p+1}}[B:A]\cdot\mu_B$$

であるから，

$$\begin{aligned}\mathcal{D}_{p-1}\circ\delta_{n-p}(\mu_A)&=\mathcal{D}_{p-1}\left(\sum_{\substack{A<B\\|B|=n-p+1}}[B:A]\cdot\mu_B\right)\\&=\sum_{\substack{A<B\\|B|=n-p+1}}[B:A]\cdot[X_B]\end{aligned}$$

を得る．一方，$\partial_p\circ\mathcal{D}_p(\mu_A)=\partial_p([X_A])$ となる．

$$\partial_p([X_A])=\sum_{\substack{A<B\\|B|=n-p+1}}[X_A:X_B][X_B]$$

とおき，各 $B>A$，$|B|=n-p+1$ に対し，

$$[X_A:X_B]=(-1)^{n-p+1}[B:A]$$

を示せばよい．X_B をおおう K_B $(\subset K')$ の $p-1$ 単体を τ とする．

切除同型

$$H_{p-1}(\tau,\partial\tau\,;\boldsymbol{Z})\cong H_{p-1}(X_B,\dot{X}_B\,;\boldsymbol{Z})=\boldsymbol{Z}$$

により，$[X_B]$ に対応する $\tau \bmod \partial\tau$ の基本類を $[\tau]$ とすると，$[\tau]$ は ±1 の符号のついた向きづけられた単体とみなされる．$\mu=\tau/\hat{B}$ とおき，$[\tau]=\hat{B}*[\mu]$ により μ の向き $[\mu]$ を定める．$\sigma=\hat{A}*\tau$ とおくと，$\sigma\in X_A$ であるから，$[\tau]$ と同様に，$[X_A]$ に対応する基本類 $[\sigma]$ が定まる．$\partial_p: H_p(K^p,K^{p-1})\to H_{p-1}(K^{p-1},K^{p-2})$ の定義から，$[\sigma]=[X_A:X_B]\cdot\hat{A}*[\tau]=\hat{A}*([X_A:X_B]\cdot[\tau])$ が成立する．$B/A=b$ として，$B=b*A$ を $\hat{B}*A$ と A を固定し b を $\hat{B}$ に対応させて同一視する．(図 3.5)　よって，

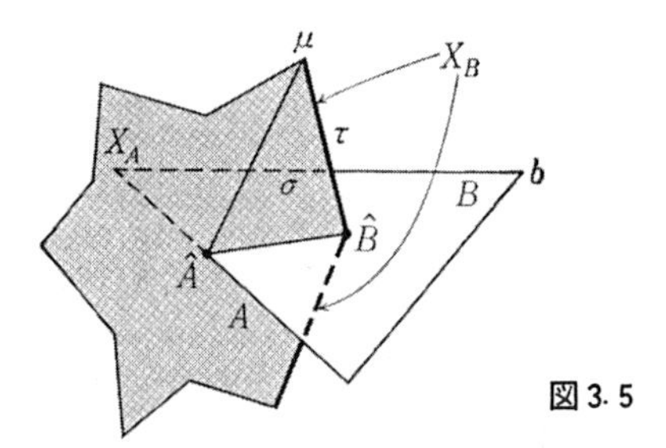

図3.5

$$[B] = [B:A]\cdot(b*[A]) = [B:A]\cdot(\hat{B}*[A]) = \hat{B}*[B:A][A]$$

である．

$[A]\otimes[X_A]$, $[B]\otimes[X_B]$ が $X \bmod P$ の基本類に対応することから，

$$[A]*([X_A:X_B]\cdot[\tau]) = [X_A:X_B]\cdot[A]*\hat{B}*[\mu]$$

と，$([B]*[\mu]\equiv)\hat{B}*\partial[B]*[\mu]$ の $\hat{B}*A*\mu$ への制限

$$\hat{B}*([B:A]\cdot[A])*[\mu] = [B:A]\cdot(-1)^{n-p+1}\cdot[A]*\hat{B}*[\mu]$$

が等しくなる．よって，$[X_A:X_B]=(-1)^{n-p-1}\cdot[B:A]$ が成立する．こうして鎖同型

$$\mathscr{D}_*:\ \{C^*(K,L),\delta_*\}\longrightarrow\{D_*(E),\partial_*\}$$

が得られた．すなわち，すべての p に対し，同型

$$\mathscr{D}_p:\ H^{n-p}(K,L)\cong H_p(D_*(E))$$

が得られる．

(iv) $H_*(D_*(E))$ と $H_*(E)$ の比較；準同型 $\varphi_p: H_p(D_*(E))\to H_p(E)$ の構成のために，まず，つぎの自然な可換図式を考えよう．

$$\begin{array}{ccccc}
D_{p+1}(E)=H_{p+1}(K^{p+1},K^p) & \xrightarrow{d_{p+1}} & H_p(K^p) & \leftarrow 0 & \\
\downarrow \partial_{p+1} & \swarrow j_p & & \searrow i_p & \\
D_p(E)=H_p(K^p,K^{p-1}) & & & & H_p(K^{p+1}) \\
\downarrow \partial_p & \xrightarrow{d_p} & H_{p-1}(K^{p-1}) & \leftarrow 0 & \\
D_{p-1}(E)=H_{p-1}(K^{p-1},K^{p-2}) & \xleftarrow{j_{p-1}} & & &
\end{array}$$

$\dim(K^i)=i$ であるから，j_p, j_{p-1} は単射である．したがって，ホモロジー完全系列の部分であることから，j_p, i_p は自然な同型

$$J_p\colon \frac{H_p(K^p)}{\operatorname{Im} d_{p+1}} \cong \frac{\operatorname{Ker} d_p}{\operatorname{Im} \partial_{p+1}} = \frac{\operatorname{Ker} \partial_p}{\operatorname{Im} \partial_{p+1}} = H_p(D_*(E)),$$

$$I_p\colon \frac{H_p(K^p)}{\operatorname{Im} d_{p+1}} = \frac{H_p(K^p)}{\operatorname{Ker} i_p} \cong \operatorname{Im} i_p \ (\subset H_p(K^{p+1}))$$

を誘導する．求める $\varphi_p\colon H_p(D_*(E)) \to H_p(E)$ を合成

$$H_p(D_*(E)) \xrightarrow{J_p^{-1}} \frac{H_p(K^p)}{\operatorname{Im} d_{p+1}} \xrightarrow{I_p} \operatorname{Im} i_p \subset H_p(K^{p+1}) \longrightarrow H_p(E)$$

として定義する．

(v) $\varphi_p\colon H_p(D_*(E)) \to H_p(E)$ の性質；

(イ) 各 p, ただし $p<k$ あるいは $p>n-k+1$, に対して，φ_p は同型,

(ロ) φ_k は全射,

(ハ) φ_{n-k} は単射

である．

これは k 正則性が反映する重要な部分である．まず，$q<0$ のとき，あるいは，$n-p \geqq q>0$ で，$p \leqq k$ あるいは $p \geqq n-k+1$ $(\geqq p+q-k+1)$ のときに

$$H_p(K^{p+q}, K^{p+q-1}) \cong \sum_{A \in K_{(n-p-q)} - K_{(n-p-q-1)}} H_p(X_A, \dot{X}_A) = 0$$

が成立する．よって，各 p, ただし $p \leqq k$ あるいは $n \geqq p \geqq n-k+1$, に対して,

$$i_p\colon H_p(K^p) \longrightarrow H_p(K^{p+1})$$

は全射となり，$\operatorname{Im} i_p = H_p(K^{p+1})$ が得られる．そして，$p<k$ あるいは $p \geqq n-k+1$ のとき，同型

$$H_p(K^{p+1}) \cong H_p(K^{p+2}) \cong \cdots \cong H_p(K^{n-1}) \cong H_p(E).$$

$p=k$ のとき，全射の合成

$$H_k(K^{k+1}) \longrightarrow H_k(K^{k+2}) \longrightarrow \cdots \longrightarrow H_k(K^{n-1}) \longrightarrow H_k(E).$$

$p=n-k$ のとき，単射の合成

$$H_{n-k}(K^{n-k+1}) \longrightarrow H_{n-k}(K^{n-k+2}) \longrightarrow \cdots \longrightarrow H_{n-k}(K^{n-1}) \longrightarrow H_{n-k}(E)$$

が得られる．

したがって，(イ), (ロ), (ハ)が成立する．$\mathcal{D}_*\colon H^{n-p}(K, L) \cong H_p(D_*(E))$ の定義から，合成

$$H^{n-p}(X, P) \cong H^{n-p}(K, L) \overset{\mathcal{D}_*}{\cong} H_p(D_*(E)) \xrightarrow{\varphi_p} H_p(E) \cong H_p{}^C(X-P)$$

が,

$$\cap[X, P]:\ H^{n-p}(X, P) \longrightarrow H_p{}^C(X-P)$$

と一致することは明らかである．よって，φ_p の性質から，$\cap[X, P]: H^{n-p}(X, P) \to H_p{}^C(X-P)$ は

$$\begin{array}{ll} p<k,\quad p \geqq n-k+1 & \text{のとき　同型,} \\ p=k & \text{のとき　全射,} \\ p=n-k & \text{のとき　単射} \end{array}$$

となる．

$$\cap[X, P]:\ H^{n-p}(X-P) \longrightarrow H_p(X, P)$$

については，

$$D^{n-p}(E)=H^{n-p}(K^{n-p}, K^{n-p+1}), \qquad C_p(K, L)=H_p(K_{(p)}, K_{(p-1)})$$

によって上と全く同様に求める結果が得られる．

上の証明は整係数の場合であるが，$\boldsymbol{Z}_2$ 係数の場合には，符号 $[X_A : X_B] \equiv 1 \pmod 2$ は明らかであるから，(iii) における $\mathscr{D}_*$ が鎖写像であることの証明は単純化される．▌

問 3.1　定理 3.8 の証明をスペクトル系列の部分可約性(partial collapsibility)により整理せよ．

問 3.2　(1)　コンパクト 1 次元相体 P は多様体である．

(2)　コンパクト 2 次元相体 P に対して，

(i)　P の中で多様体となる最大の開集合 U に対し，$P-U=\sum P$ とおくと，2 次元多様体 M および固有な PL 写像 $f: M \to P$ で，$M-f^{-1}(\sum P)$ から $P-\sum P$ への同型であるものが存在する．

(ii)　P が既約であれば，$\chi(P) \leqq 2$ が成立する．とくに，$\chi(P)=2$ である必要十分条件は P が 2 次元球面ということである．

(3)　コンパクト 3 次元相体 P が局所既約であるとは，P の各点 x で，$\dot{P}_x$ が既約であるときをいう．局所既約なコンパクト 3 次元相体 P に対して，$\chi(P) \geqq 0$ が成立する．そして，$\chi(P)=0$ となるための必要十分条件は P が多様体となることである．

問 3.3　k 正則 n 相体 X は，$2k+1 \geqq n$ のとき，n 次元ホモロジー多様体である．

第4章　一般の位置

平面上の1点と1直線の位置は大別して

(1)　点が直線上にある場合,

(2)　そうでない場合

の2通りの場合がある. (1)の場合には, 点をわずかに動かして直線からはずして(2)の場合にすることができる. そうして, (2)の場合には, 点あるいは直線をごくわずかに動かしてもやはり点は直線にのらない. この意味で, (1)の場合は特殊であり, (2)の場合は安定していて一般の位置にある. 平面上の2直線についていえば, 平行である(一致する場合も含む)のが特殊な位置で, 1点で交わる場合が一般の位置である. 3次元空間では, ねじれの位置にある場合が一般の位置にある場合で, 平行であったり交わるような場合は2直線が平面上にある場合で特殊な位置にあるといえる.

多面体には単体分割があり各単体は線型な構造を有しているので, 上の一般の位置の概念を多面体同士の一般の位置に一般化することができる. 一般の位置の理論は原始的な理論であるが, 埋蔵理論の基本になっており, 多様体の幾何学的理論の展開において有効に働く.

§4.1　一般の位置と近似定理

a) 独立な点集合と一般の位置

n 次元 Euclid 空間 $\boldsymbol{R}^n$ の $m+1$ 個の点 $x_0, \cdots, x_m$ が(アフィン)**独立**であるとは, $\xi_0+\cdots+\xi_m=0$ を満たす $\xi_i \in \boldsymbol{R}$, $i=0, \cdots, m$, に対して,

$$\xi_0 \cdot x_0+\cdots+\xi_m \cdot x_m = 0$$

が成立するのは,

$$\xi_0 = \cdots = \xi_m = 0$$

である場合に限るときをいう.

問 4.1　$\boldsymbol{R}^n$ の $m+1$ 個の点 $x_0, \cdots, x_m$ を縦ベクトルとみなせば, $x_0, \cdots, x_m$ が

独立であるということは，つぎの条件(1)-(4)のそれぞれと同値である．

(1) $x_i^*=\begin{pmatrix}1\\x_i\end{pmatrix}$, $i=0,\cdots,m$, とおくと，$\boldsymbol{R}^1\times\boldsymbol{R}^n=\boldsymbol{R}^{n+1}$ で $x_0^*,\cdots,x_m^*$ が1次独立．

(2) $(n+1)\times(m+1)$ 行列 $x^*=(x_0^*\cdots x_m^*)$ の階数が $m+1$.

(3) 各ベクトル x_i, $i=0,\cdots,m$, に対し，$x_0-x_i,\cdots,x_{i-1}-x_i,x_{i+1}-x_i,\cdots,x_m-x_i$ が1次独立．

(4) 点 $x_0,\cdots,x_m$ が可接合．——

$m+1$ 個の点 $a_0,\cdots,a_m$ が $\boldsymbol{R}^n$ で独立であれば，$m\leqq n$ であり，問4.1(4)より，m 単体 $A=a_0*\cdots*a_m$ および m 次元アフィン空間 $\bar{A}=\{x=\alpha_0\cdot a_0+\cdots+\alpha_m\cdot a_m\mid \alpha_0+\cdots+\alpha_m=1,\ \alpha_i\in\boldsymbol{R}\}$ が張られる．

$\boldsymbol{R}^n$ の有限点集合 $\mathcal{X}=\{x_1,\cdots,x_r\}$ に対し，$\mathcal{X}$ のいくつかの点で張られる $n-1$ 次元以下のアフィン部分空間の和集合を $\Omega\mathcal{X}$ と表わす．$\Omega\mathcal{X}$ は $\boldsymbol{R}^n$ の $n-1$ 次元以下のアフィン部分空間の有限個の和集合であるから，

(＊) $\boldsymbol{R}^n-\Omega\mathcal{X}$ は $\boldsymbol{R}^n$ の稠密な開集合である．

$\boldsymbol{R}^n$ の有限点集合 $\mathcal{A}=\{a_1,\cdots,a_s\}$ が $\mathcal{X}$ **に関して一般の位置**(general position)にあるとは，各 $i=1,\cdots,s$ に対して，

$$a_i \quad \text{が} \quad \Omega(\mathcal{X}\cup(\mathcal{A}-a_i)) \quad \text{に含まれない}$$

ときをいう．$\mathcal{X}=\phi$ のとき，$\mathcal{A}$ は**一般の位置**にあるという．

問 4.2 $\mathcal{A}$ が $\mathcal{X}$ に関して一般の位置にあるための必要十分条件は，各 $i=1,\cdots,s$ に対して，$a_i\notin\Omega(\mathcal{X}\cup\{a_1,\cdots,a_{i-1}\})$ となることである．——

補題 4.1 $A=a_0*\cdots*a_p$, $B=b_0*\cdots*b_{q-1}$ を $\boldsymbol{R}^n$ の p 単体，$q-1$ 単体($q\leqq n$)とする．b が $\{a_0,\cdots,a_p,b_0,\cdots,b_{q-1}\}$ に関して一般の位置にあれば，$\dim(\mathring{A}\cap(b*B)^\circ)\leqq p+q-n$ である．

証明 $b*B$ は条件から意味をもつ．まず，

(i) $\{a_0,\cdots,a_p,b_0,\cdots,b_{q-1}\}$ が $\boldsymbol{R}^n$ を張る場合；この場合には，$\bar{A}\cap\overline{b*B}$ は次元 $p-(n-q)=p+q-n$ を有する．よって，

$$\dim(\mathring{A}\cap(b*B)^\circ)\leqq\dim\bar{A}\cap(\overline{b*B})=p+q-n$$

が成立する．

(ii) $\{a_0,\cdots,a_p,b_0,\cdots,b_{q-1}\}$ が $\boldsymbol{R}^n$ の $n-1$ 次元以下のアフィン部分空間を張る場合；b はそのアフィン部分空間上にないようにとられているので，

$$A \cap (b * B) = b * (A \cap B) = \{t \cdot b + (1-t) \cdot x \mid x \in A \cap B,\ t \in [0,1]\}$$

が成立する．よって，

$$\mathring{A} \cap (b*B)^\circ \subset \mathring{A} \cap \mathring{B} \quad で \quad (b*B)^\circ \cap \mathring{B} = \phi$$

であるから，$\dim \mathring{A} \cap (b*B)^\circ \leqq -1$ が得られる．▌

b）近似定理

$\boldsymbol{R}^N$ の部分集合 X, Y および閉区間 $I=[0,1]$ に対し，連続写像 $F: X \times I \to Y$ を**ホモトピー**という．

$$F_t(x) = F(x,t), \qquad (x,t) \in X \times I$$

により定義される写像 F_t, $t \in I$, をも**ホモトピー**といい，F_0 と F_1 は F あるいは F_t により**ホモトープ**であるといわれる．とくに，正数 ε に対し，

$$\|F_0(x) - F_t(x)\| < \varepsilon, \qquad (x,t) \in X \times I$$

が成立するとき，F を ε **ホモトピー**といい，F_0 と F_1 は ε **ホモトープ**であるといわれる．さらに，$Z \subset X$ に対し，

$$F_t(x) = F_0(x), \qquad (x,t) \in Z \times I$$

であれば，F は Z **を動かさない**といわれる．

定理 4.1（単体近似定理） P, Q を多面体とし，R を P の部分多面体とする．固有な連続写像 $f: P \to Q$ が与えられ，$f|R$ は PL 写像で，$cl(P-R)$ はコンパクトであるとする．このとき，いかに小さな正数 ε に対しても，(P,R) の分割 (J,K)，Q の分割 L および単体写像 $g: J \to L$ が存在して，つぎが満たされる．

(1) $f|R = g|R$.

(2) f と g は R を動かさずに ε ホモトープである．

証明 この定理はここで繰りかえすまでもなくトポロジーの基礎で証明されている．したがって要点だけを述べる．

（I） ε ホモトピーを作るために Q の単体分割 L_0 をとり，重心細分を繰りかえし行ない，L_1 で，

L_1 の各頂点 a に対し，

$$d(st(a, L_1)) = \max\{\|x-y\| \mid x, y \in st(a, L_1)\} < \varepsilon$$

が成立するようにする．

（II）（コンパクトな場合への帰着） f は固有であるから，P の閉集合 R への制限も固有で，$f|R$ は単体分割をもつ．すなわち，(P,R) の分割 (J_1, K_1) および

L_1 の細分 L が存在して，$f|K_1: K_1 \to L$ は単体的であるとしてよい．J_1-K_1 の複体化 $\widetilde{J_1-K_1}$ は $cl(P-R)$ をおおうので，有限である．

(III) f の連続性により重心細分を (J_1, K_1) に繰りかえし施すことにより，(J, K) をとれば，J の各頂点 a_i に対し，L の或る頂点 c_i が存在して，$f(\mathring{st}(a_i, J)) \subset \mathring{st}(c_i, L)$ となる．

(IV) J, L に対し，単体線型性をもつ写像 $g: P \to Q$ の定義：

$$J \text{ の各頂点 } a_i \text{ に対し } \quad g(a_i) = c_i, \qquad a_i \in J-K,$$
$$g(a_i) = f(a_i), \quad a_i \in K$$

と定め，J の各単体上線型に拡大したものと定義する．

(V) ε ホモトピーの定義；$F: P \times I \to Q$ を

$$\text{各 } (x, t) \in P \times I \quad \text{に対し} \quad F(x, t) = t \cdot g(x) + (1-t) \cdot f(x),$$

すなわち，g と f を線型に結んで定義する．第2章命題2.1により g は J, L の細分に関して単体写像で F が求める ε ホモトピーである．▌

問4.3　実際に，g が単体写像で F が求める ε ホモトピーであることを証明せよ．——

m 次元多様体 M の内部に p 次元，q 次元多面体 P, Q が与えられているとする．R を P の部分多面体とするとき，$P \bmod R$ が Q に関し**一般の位置**(general position)**にある**とは，

$$\dim((P-R) \cap Q) \leqq p+q-m$$

のときをいう．$p+q=m$ のとき，$P \bmod R$ が Q に**横断的**(transversal)であるとは，$(P-R) \cap Q$ が有限個の点からなり，その各点 p で，p の P, Q, M における球体近傍 U, V, W および PL 埋蔵

$$h: W \longrightarrow \boldsymbol{R}^m = \boldsymbol{R}^p \times \boldsymbol{R}^q$$

が存在して，$h(U)$ が $\boldsymbol{R}^p \times 0 \equiv \boldsymbol{R}^p$ の p 球体，$h(V)$ が $0 \times \boldsymbol{R}^q \equiv \boldsymbol{R}^q$ の q 球体，そして $h(W) = h(U) \times h(V)$ となるときをいう．

$\boldsymbol{R}^N$ の部分集合 X, Y，および X の部分集合 Z が与えられているとする．同位 $F: I \times X \to I \times Y$ が Z を動かさない ε **同位**であるとは，F に第2因子への射影

$$p_2: I \times Y \longrightarrow Y$$

を合成した写像

$$p_2 \circ F: I \times X \longrightarrow Y$$

が Z を動かさない ε ホモトピーであるときをいう．F_0, F_1 は Z を動かさないで ε **同位である**という．

定理 4.2（多面体の一般の位置近似）　m 次元多様体 M の中に p 次元，q 次元の部分多面体 P, Q が与えられているとする．R は P の部分多面体で，$cl(P-R)$ はコンパクトで M の内部 $\mathring{M}$ に含まれているとする．このとき，かってな正数 ε，$cl(P-R)$ の M におけるかってな開近傍 U に対して，$U-R$ の中にコンパクトな台をもつ ε 全同位 $g: M \to M$ が存在して，$g(P) \bmod g(R)$ は Q に関し一般の位置にある．とくに，$p+q=m$ のとき，$g(P) \bmod g(R)$ は Q に横断的になる．——

この結果を使用するとき，M の ε 全同位によって，$P \bmod R$ を Q に関し一般の位置（横断的）におくという．

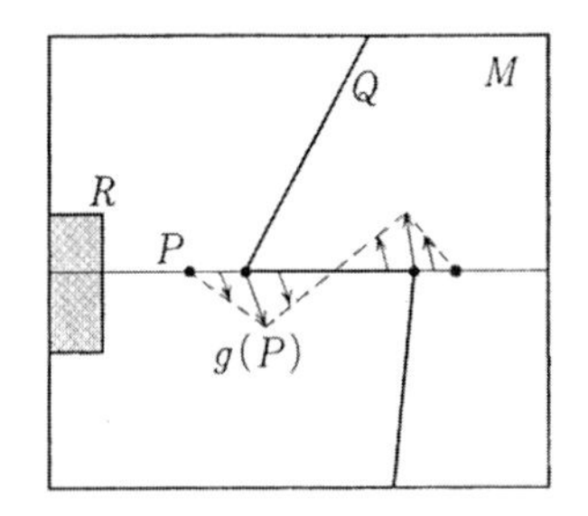

図 4.1

証明　$cl(P-R)$ はコンパクトで，$\mathring{M}$ に含まれているのでその M における導近傍 N もコンパクトで $\mathring{M}$ に含まれる．さらに，N を十分小さくとり，$N \subset U$ としてよい．

(i)　$M=\boldsymbol{R}^m$ の場合；この場合には $\boldsymbol{R}^m$ のアフィン構造により点の間の一般の位置の議論が直接使用できる．$(N, N\cap P, N\cap R; N\cap Q)$ の分割を $(J, K, H; L)$ として H は K で正則であるとする．$K-H$ の頂点の全体を $x_1, \cdots, x_r$ とし，これらを J の頂点全体 $\mathcal{J}$ に関し一般の位置に逐次ずらす．

(1)　$\boldsymbol{R}^m - \Omega\mathcal{J}$ は開かつ稠密であるから，

$$y_1 \in (\boldsymbol{R}^m - \Omega\mathcal{J}) \cap \mathring{st}(x_1, J)$$

を x_1 の十分近くにとり，つぎを満たすとしてよい．

(イ)　$\|x_1 - y_1\| < \dfrac{\varepsilon}{r}$,

(ロ) y_1 と $\mathrm{Lk}(x_1, J)$ は可接合である. (§4.1, b) の問4.4を参照.)

つぎに

$$J_1 = (J - \mathrm{St}(x_1, J)) \cup y_1 * \mathrm{Lk}(x_1, J)$$

とおくと, 条件(ロ)により, y_1 と $\mathrm{Lk}(x_1, J)$ は可接合であるから, $\mathrm{Lk}(x_1, J) = \mathrm{Lk}(y_1, J_1)$ を動かさない単体的同型

$$\mathrm{St}(x_1, J) = x_1 * \mathrm{Lk}(x_1, J) \cong y_1 * \mathrm{Lk}(x_1, J) = \mathrm{St}(y_1, J_1)$$

が得られる. これは J の単体的同型 $J \to J_1$, そして, 条件(イ)により, $\boldsymbol{R}^m$ の $\mathring{st}(x_1, J) = \mathring{st}(y_1, J_1)$ に台をもつ ε/r 全同位 $g_1 : \boldsymbol{R}^m \to \boldsymbol{R}^m$ へと拡張される.

(k) $k \geqq 2$ とし, N の分割 J の頂点 $\{x_1, \cdots, x_{k-1}\}$ を $\mathcal{J}$ に関し一般の位置にある点 $y_1, \cdots, y_{k-1}$ にずらして新たな分割 J_{k-1} が得られたとし, (1) と全く同様に x_k に対し,

$$y_k \in \{\boldsymbol{R}^m - \Omega(\mathcal{J} \cup \{y_1, \cdots, y_{k-1}\})\} \cap \mathring{st}(x_k, J)$$

をとって, つぎを満たすとしてよい.

(イ) $\|x_k - y_k\| < \dfrac{\varepsilon}{r}$,

(ロ) y_k は $\mathrm{Lk}(x_k, J_{k-1})$ と可接合である.

(1) と全く同様にして, N の分割を

$$J_k = (J_{k-1} - \mathrm{St}(x_k, J_{k-1})) \cup y_k * \mathrm{Lk}(x_k, J_{k-1})$$

とし, そして $st(x_k, J_{k-1}) = st(y_k, J_k)$ に台をもつ ε/r 全同位

$$g_k : \boldsymbol{R}^m \longrightarrow \boldsymbol{R}^m$$

が得られる. かくして, $g_1, \cdots, g_r$ が得られ, その合成 $g = g_r \circ \cdots \circ g_1 : \boldsymbol{R}^m \to \boldsymbol{R}^m$ を考えると, g は N では単体的同型 $J \to J_r$ で, $g(P-R)$ に含まれる J_r の頂点は $y_1, \cdots, y_r$ で, これらは $\mathcal{J}$ に関して一般の位置にある. (§4.1, a) の問4.2) $P-R$ は $K-H$ の単体の内部の和集合であり, Q も L の単体の内部の和集合である. $K-H$ の単体は必ず $K-H$ の頂点を含み, その g による像は $y_1, \cdots, y_r$ のいずれかの頂点を少なくとも一つ含む. よって, a) の補題4.1により,

$$\dim g(P-R) \cap Q \leqq p+q-m$$

が成り立つ. 各 g_i は $N-R \subset U-R$ にコンパクトな台をもつ ε/r 全同位であるから, g は $U-R$ にコンパクトな台をもつ ε 全同位となる. また, $p+q=m$ のときには, $K-H$ の p 単体 A と L の q 単体 B に対してのみ, $g(\mathring{A}) \cap \mathring{B} \neq \phi$ と

なり得る．このとき $g(\mathring{A})\cap\mathring{B}$ は1点 x で，x を原点とみなせば，$\overline{g(A)}$ と $\bar{B}$ は互いに線型補空間となる．よって，アフィン同型写像

$$h\colon \boldsymbol{R}^m \longrightarrow \boldsymbol{R}^m$$

が存在して，

$$h(x)=0^m,\qquad h(\overline{g(A)})=\boldsymbol{R}^p\times 0^q\ (\equiv\boldsymbol{R}^p),\qquad h(\bar{B})=0^p\times\boldsymbol{R}^q\ (\equiv\boldsymbol{R}^q)$$

となる．このとき，A, B は x の P, Q における球体近傍で，$h^{-1}(hg(A)\times h(B))$ は x の $\boldsymbol{R}^m$ における 球体近傍となる．よって，$g(P-R)$ は Q と x で横断的である．また，$g(P-R)\cap Q$ は $\boldsymbol{R}^m$ の孤立点からなり，$cl(P-R)$ はコンパクトであるから有限点集合である．

(ii)　M が一般の場合；$cl(P-R)$ はコンパクトであるから，M の有限個の m 球体 $B_1,\cdots,B_r$ で $cl(P-R)$ をおおえる．

$$P_k = R\cup\left(\bigcup_{i=1}^{k}(P\cap B_i)\right),\qquad k=1,\cdots,r,$$

$P_0=R$ とおくと

$$P_r = P$$

である．r に関する帰納法で証明する．$r=0$ のときは証明すべきことはなく自明である．$r-1$ で成立するとし，r のときに成立することを示そう．B_r の M における導近傍 B をとり，$\mathring{B}$ で考える．$\mathring{B}$ と $\boldsymbol{R}^m$ を同一視すれば，帰納法の仮定から，M の δ 全同位 $h\colon M\to M$ で，$U-R$ に台をもち

$$\dim(h(P_{r-1}-R)\cap Q)\leqq p+q-m,$$

δ は十分小で，$\delta<\varepsilon/2$ かつ $h(P\cap B_r)\subset\mathring{B}$ となる全同位 h および δ が存在する．ここで，

$$R'=h(P_{r-1})\cap\mathring{B},\qquad P'=h(P_r)\cap\mathring{B}=R'\cup h(P\cap B_r),\qquad Q'=Q\cap\mathring{B}$$

とおき，$\mathring{B}\equiv\boldsymbol{R}^m$ として (i) を適用すれば，$(U-R)\cap\mathring{B}$ の中にコンパクトな台をもつ $\mathring{B}$ の $\varepsilon/2$ 全同位によって，$P'\bmod R'$ を Q' に関して一般の位置におくことができる．これを $M-\mathring{B}$ 上 id として拡張したものを h' とすれば，$g=h'\circ h$ が求めるものである．∎

問 4.4　$\boldsymbol{R}^m$ の開集合 U の単体分割 K に対し，K の頂点 a に対し，$\mathrm{Lk}(a,K)$ と可接合な $\mathring{st}(a,K)$ の点の全体は a の開近傍となる．

[ヒント]　$\mathrm{Lk}(a,K)$ の $m-1$ 単体 A に対し，$\bar{A}$ は $\boldsymbol{R}^m$ を二つの開半空間 A^+,

A^- に分ける．$A^+ \ni a$ とする．このとき，$\mathrm{Lk}(a, K)$ と可接合な $\mathring{st}(a, K)$ の点全体は $\bigcap_{A^{m-1} \in \mathrm{Lk}(a, K)} \bar{A}^+$ と表わされる．(注意; $\mathring{st}(a, K)$ の外側 $\boldsymbol{R}^m - \mathring{st}(a, K)$ の点は $\mathrm{Lk}(a, K)$ と絶対に可接合にならない.) (図 4.2)

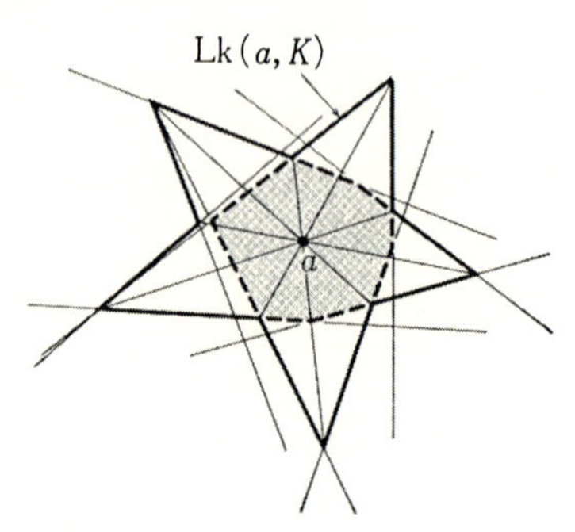

図 4.2　$\mathrm{Lk}(a, K)$ と可接合な点集合

写像に対しても一般の位置近似を考えることができる．多面体 P, Q の間の PL 写像 $f: P \to Q$ に対し，

$$S(f) = cl\{x \in P \mid f^{-1}f(x) \neq \{x\}\}$$

と表わし，f の PL **特異集合**という．f が固有であれば，$S(f)$ は P の部分多面体である．PL 写像 $f: P \to Q$ が**非退化** (non-degenerate) であるとは，Q の各点 y に対し，

$$\dim f^{-1}(y) \leqq 0$$

となるときをいう．f が固有であれば，f が非退化であるということと，f の分割 $f: K \to L$ が存在して，各単体 A 上 f が $f(A)$ への線型同型であることは同値である．$\dim P = p$, $Q = M$ が m 次元多様体，R が P の部分多面体であるとき，PL 写像 $f: P \to M \bmod R$ が**一般の位置**にあるとは，

(1)　f は非退化で，

(2)　$\dim(S(f) - R) \leqq 2p - m$

のときをいう．とくに，$2p = m$ のとき，$f: P \to M \bmod R$ が**自己横断的**であるとは，f が一般の位置にあり，$S(f) - R$ の各点 x に対し，$f^{-1}f(x)$ が 2 点 x, y からなり，x, y の P における或る星状近傍 A, B に対し，$f(A) \cap f(B) = f(x)$ かつ $f(A)$ が $f(B)$ に横断的であるときをいう．(図 4.3)

定理 4.3 (写像の一般の位置近似)　p 次元多面体 P から m 次元多様体 M へ

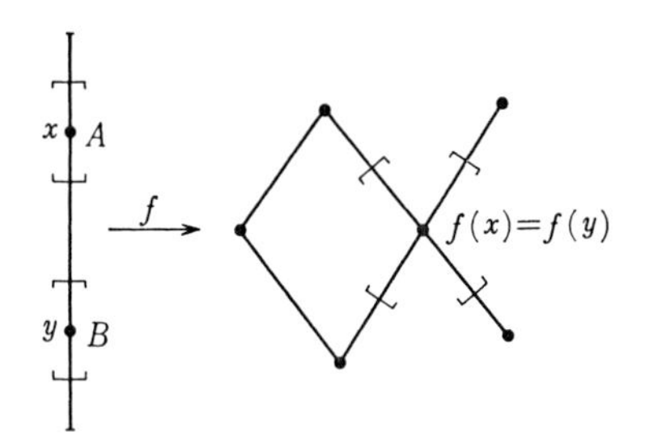

図 4.3　自己横断的写像

の固有な連続写像 $f:P\to M$ が P の部分多面体 R 上で，非退化 PL 写像で，$f(cl(P-R))\subset\mathring{M}$，$cl(P-R)$ はコンパクト，$p\leqq m$ であるとする．このとき，f は mod R で，一般の位置にある PL 写像 $g:P\to M$ に R を動かさずに ε ホモトープである．とくに，$2p=m$ のとき，g は自己横断的であるようにとれる．

証明　(i)　$M=\boldsymbol{R}^m$ の場合；定理 4.1 によって，$f:P\to\boldsymbol{R}^m$ は R を動かさない $\varepsilon/2$ ホモトピーにより固有な単体写像 $h:K\to J$ に変形される．ただし $|K|=P$，$|J|=\boldsymbol{R}^m$，R および $cl(P-R)\cap R$ は K の部分複体 H, H_0，$h(P)$ は J の部分複体 L でおおわれているとしてよい．$cl(P-R)$ がコンパクトで，h が固有であることから，$h^{-1}(L-h(H))$ の頂点の全体 $\mathscr{L}$ は有限となる．$\mathscr{L}=\{x_1,\cdots,x_r\}$ とするとき，定理 4.2 の証明と同様にして，かってな正数 δ に対し，

(イ)　$\|h(x_i)-y_i\|<\delta$,

(ロ)　$\{y_1,\cdots,y_r\}$ は H_0 の頂点全体に関し一般の位置にある，

ようにすることができる．求める g は

$$g\,|\,H=h\,|\,H.$$

$g\,|\,K-H$ は頂点の対応 $x_i\mapsto y_i$ を線型に拡張すればよい．h と g のホモトピー $F:I\times P\to\boldsymbol{R}^m$ は

$$F(t,x)=t\cdot g(x)+(1-t)\cdot h(x)$$

により定義される．δ を十分小にとれば，F は g と h の間の $\varepsilon/2$ ホモトピーである．g が一般の位置あるいは $2p=m$ のとき自己横断的であることの証明は定理 4.2 と全く同様である．

(ii)　M が一般の場合；定理 4.2 と同様に，$f(cl(P-R))$ の M における有限球体被覆をとり，そのおのおのの逆像で (i) の場合を適用して示される．∎

定理4.2と定理4.3をまとめて一般化すれば，結局つぎの定理となる．

定理4.3′ p 次元多面体 P から m 次元多様体 M への固有な連続写像 $f: P\to M$ が与えられ，f は P の部分多面体 R 上で非退化 PL 写像であるとする．M の部分多面体 $Q_1, \cdots, Q_r$，かってな正数 ε に対し，f と R を動かさずに ε ホモトープな PL 写像 $g: P\to M$ でつぎを満たすものが存在する．

(1) $g \bmod R$ は一般の位置にある．

(2) $g(P) \bmod g(R)$ は各 Q_i に関して一般の位置にある．

証明は略す．

c) ホモトピー群への応用

位相空間の対 (X, Y)，Y の点 x_0 に対して相対ホモトピー群 $\pi_i(X, Y, x_0)$ が定義されている．集合として，

$$\pi_i(X, Y, x_0) = \{f: (I^i, \partial I^i, I^{i-1}\times 0)\to(X, Y, x_0)\}/\text{ホモトピー}$$

である．$\pi_i(X, Y, x_0)=\{0\}$ ということは，かってな連続写像

$$f: (I^i, \partial I^i, I^{i-1}\times 0) \longrightarrow (X, Y, x_0)$$

が，Y の中への連続写像

$$g: (I^i, \partial I^i, I^{i-1}\times 0) \longrightarrow (Y, Y, x_0)\subset(X, Y, x_0)$$

にホモトープであるということと同値である．

命題4.1 M を m 次元多様体とし，P をその p 次元部分多面体とする．そのとき，$x_0\in M-P$ に対し，

$$\pi_i(M, M-P, x_0) = \{0\}, \qquad i \leqq m-p-1$$

が成立する．

証明 連続写像

$$f: (I^i, \partial I^i, I^{i-1}\times 0) \longrightarrow (M, M-P, x_0)$$

が与えられたとする．f を ε ホモトピーにより単体近似して，P に関して一般の位置にとる．それを再び f とすれば，

$$\dim(f(I^i)\cap P) \leqq m-(i+p)$$

であるから，$i\leqq m-p-1$ であれば，

$$f(I^i)\cap P = \phi,$$

すなわち，

$$f(I^i) \subset M-P$$

である．よって，

$$\pi_i(M, M-P, x_0)=\{0\}, \qquad i\leqq m-p-1$$

が示された．▌

§4.2 吸い込みの定理とその応用

m 次元多様体 M の各点には m 次元球体近傍 B^m が存在する．B^m は1点の正則近傍であるという性質から M 上でもっとも単純な図形とみられる．いま，M 上に部分多面体 X があると，M の全同位 $h: M\to M$ が存在して，$h(\mathring{B})\supset X$ とすることができるか？ という問題を考える．ちょうど，B を M 上のアメーバとみなせば，全同位はその軟体動物的運動とみなせる．$h(\mathring{B})\supset X$ ということは，その結果，アメーバが X を吸いこんでいるとみなせる．(図4.4) この考え方は J. Stallings によって，5次元以上の一般化された(位相的) Poincaré 予想を解くために有効に使用され，さらに，$\boldsymbol{R}^n$ $(n\geqq 5)$ と同相な PL 多様体は $\boldsymbol{R}^n$ と PL 同相であるという $\boldsymbol{R}^n$ に対する基本予想の証明にも使用された．その後，PL 多様体の余次元3以上の埋蔵定理に応用されるように精密化された．

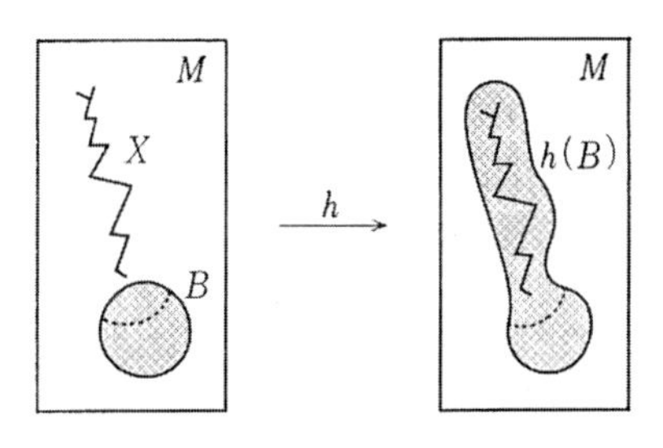

図4.4

a) 吸い込みのための縮約に関する準備

補題 4.2 m 次元多様体 M の中の部分多面体 X が $X_0\subset X$ から拡大により得られたとする; $X\searrow X_0$．Y を M の部分多面体とし，$X\cap(\partial M\cup Y)\subset X_0$ であるとする．このとき，M の X_0 を含む開集合 U に対し，$\partial M\cup Y\cup X_0$ を動かさない，コンパクトな台をもつ全同位

$$h: M\longrightarrow M$$

が存在して，$h(U)\supset X$ となる．

証明　M の分割 J であり，X_0, X, Y の分割 K_0, K, L を含むものをとる．$K \searrow K_0$ と仮定してよい．$K \searrow K_0$ の初等縮約 $K_i \overset{e}{\searrow} K_{i-1}$ に対し，

$$|K_i| \cap (|\partial J| \cup |L|) \subset |K_{i-1}|$$

が成立するので，各 $|K_i|, |K_{i-1}|, Y$ について補題を示せば十分である．したがって，$K \searrow K_0$ が初等縮約として補題を示せばよい．

$$K = K_0 + (A, F), \qquad ただし \quad A = a * F$$

とする．$U \supset X_0$ より，$U \supset a * \partial F$ である．F の重心 $\hat{F}$ に対し，線分 $a * \hat{F}$ 上に a に十分近い点 b をとり，$a * b * \partial F \subset U$ とすることができる．$R = lk(F, J)$ とおけば，$F \notin \partial J$，$|F| \leqq m-1$ であるから，R は $m-|F|-1$ 次元球面で，$R - X_0 = R - \{a\} \neq \phi$ である．R 上に a と異なる或る点 c をとる．$m-|F|-2$ 次元球面 S $(=\phi$ でもよい$)$ に対し，PL 同相

$$\varphi : R \longrightarrow (a \cup c) * S$$

で，$\varphi(a) = a$, $\varphi(c) = c$ となるものが得られる．これは接合により

$$\psi = id * \varphi : F * R \longrightarrow F * (a \cup c) * S$$

に拡大される．

$$F * (a \cup c) * S = (a \cup c) * \hat{F} * \partial F * S = \{(a * \hat{F}) \cup (\hat{F} * c)\} * (\partial F * S)$$

であるから，$a * \hat{F} \cup \hat{F} * c$ 上で

$$a \longmapsto a, \quad b \longmapsto \hat{F}, \quad c \longmapsto c$$

で定義される PL 同相 α' の拡大である PL 同相

$$\alpha = \alpha' * id : (a * \hat{F} \cup \hat{F} * c) * (\partial F * S) \longrightarrow (a * \hat{F} \cup \hat{F} * c) * (\partial F * S)$$

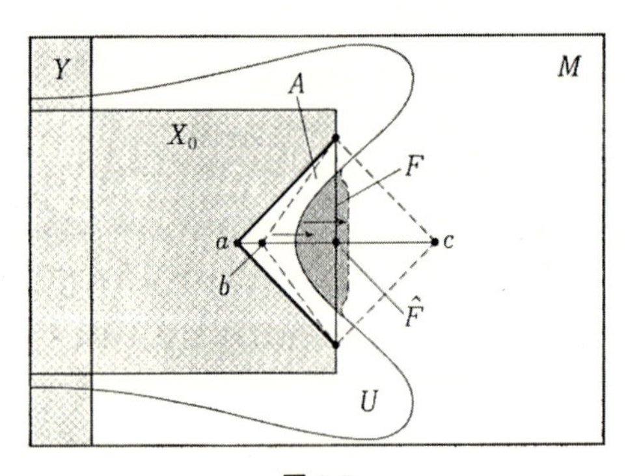

図 4・5

が得られる．PL 同相

$$\beta : st(F, J) \longrightarrow st(F, J)\,(=F*R)$$

が $\beta=\psi^{-1}\circ\alpha\circ\psi$ により定義される．このとき，

$$\beta(a*b*\partial F) = a*\hat{F}*\partial F = a*F = A$$

である．β は $\partial st(A, J)=\partial F*S$ 上で id であるから，

$$h\,|\,st(F, J) = \beta, \qquad h\,|\,M-st(F, J) = id$$

とおいて，$\mathring{st}(F, J)$ に台をもつ全同位 $h: M\to M$ に拡張される．$a*b*\partial F\subset U$ より，$h(U)\supset A$，したがって $X\subset h(U)$ が成立する．$\mathring{st}(F, J)\cap(\partial M\cup X_0\cup Y)=\phi$ であるから，h が求めるものである．▌

補題 4.3　縮約 $K\searrow K_0$ が与えられると，初等縮約の列

$$K = K_r \overset{e}{\searrow} K_{r-1} \overset{e}{\searrow} \cdots \overset{e}{\searrow} K_0 = K$$

を，$K_i=K_{i-1}+(A_i, F_i)$ とすると，

$$\dim A_i \geqq \dim A_{i-1}$$

となるようにとりなおすことができる．

証明　$K_2\overset{e}{\searrow}K_1\overset{e}{\searrow}K_0$, $K_2=K_1+(a*F, F)$, $K_1=K_0+(b*G, G)$ とし，$\dim G>\dim F$ とする．このとき，$a*\partial F\subset|K_0|$ であるから，$K_1'=K_0\cup\{a*F, F\}$ は K_2 の部分複体であり，$K_2=K_1'\cup\{b*G, G\}$ が成り立つ．よって，$K_2\overset{e}{\searrow}K_1'\overset{e}{\searrow}K_0$ となり，縮約の順序を交換することができる．▌

補題 4.4　$X\searrow X_0$ とし，Y を X の部分多面体とする．そのとき，X の部分多面体 T で，

$$Y\cup X_0 \subset T, \qquad X\searrow(X_0\cup T)\searrow X_0$$

かつ

$$\dim T \leqq \dim Y+1$$

となるものが存在する．

証明　$(K, K_0\,;L)$ を $(X, X_0\,;Y)$ の分割で，$K\searrow K_0$ となるものとする．

$$K = K_r \overset{e}{\searrow} K_{r-1} \overset{e}{\searrow} \cdots \overset{e}{\searrow} K_0$$

を補題 4.3 のように次元の順の初等縮約の列とする．$K_i\supset L$ となる最小の番号を $k(\leqq r)$ とする．$k=0$ のときは自明である．$K_k=K_{k-1}+(a*F, F)$ とすれば，$F\subset L$ となる．さもないと，$K_{k-1}\supset L$ となるからである．よって，$T=|\overline{K_k-K_0}|$ とおけば，

$$\dim T \leqq \dim F+1 \leqq \dim L+1 = \dim Y+1.$$

そして，

$$X \searrow X_0 \cup T \searrow X_0$$

が成立する．▌

b）吸い込みの定理 I

位相空間の対 (X, Y) が n **連結** (n-connected) $(n\geqq 0)$ であるとは，i 球体 B^i $(0\leqq i\leqq n)$ に対し，かってな連続写像

$$\varphi\colon (B^i\times 0\cup\partial B^i\times I,\ \partial B^i\times I) \longrightarrow (X, Y)$$

が，連続写像

$$\Phi\colon (B^i\times I,\ \partial B^i\times I\cup B^i\times 1) \longrightarrow (X, Y)$$

に拡張されるときをいう．

すなわち，連続写像 $\varphi_0\colon (B^i, \partial B^i)\to (X, Y)$ および $\varphi_0|\partial B^i$ のホモトピー $\Phi_{\partial B^i}\colon \partial B^i\times I\to Y$ が与えられると，φ_0 が $\Phi_{\partial B^i}$ を拡大するホモトピーで，B^i を Y の中へうつす写像にホモトープとなるときを n 連結という．X の各点 x に対し，(X, x) が n 連結のとき，X は n 連結であるという．

問 4.5 (X, Y) が n 連結であるための必要十分条件は，X のかってな点が Y の点と結ばれ，さらに，Y の基点 x_0 に対し，

$$\pi_i(X, Y, x_0) = 0, \qquad 1\leqq i\leqq n$$

が成立することである．

問 4.6 (X, Y) が n 連結であるための必要十分条件は，かってな多面体対 (P, Q) で，$\dim(P-Q)\leqq n$ であるものに対し，かってな連続写像

$$f\colon (P, Q) \longrightarrow (X, Y)$$

および $f|Q$ のホモトピー

$$F_Q\colon Q\times I \longrightarrow Y$$

が与えられたとき，F_Q を拡大するホモトピーにより f が Y の中への写像

$$g\colon (P, Q) \longrightarrow (Y, Y)\subset (X, Y)$$

にホモトープとなることである．——

この問 4.6 からわかるように，(X, Y) の n 連結性により n 次元多面体からの写像をホモトピーのもとに Y の中への写像にひき込むことができる．

このホモトピー的事実を多面体の縮約という幾何学的理論に翻訳して示される

のが吸い込みの定理である.

定理 4.4(吸い込みの定理 I)　m 次元多様体 M の開集合 U および U に含まれる部分多面体 Q が与えられ, (M, U) が k 連結, $\dim Q \equiv q \leqq m-3$ とする. そのとき, $\mathring{M}$ のコンパクトな多面体 P で,

$$\dim P \equiv p \leqq m-3, \qquad p \leqq k$$

を満たすものに対して, $\partial M \cup Q$ を動かさない M の全同位

$$h\colon M \longrightarrow M$$

で

$$h(U) \supset P$$

を満たすものが存在する.

証明　$\dim P = p$ に関する帰納法によって証明する. $p=-1$ で成立するのは自明であるから, $p \geqq 0$ とし, $p-1$ 以下で成立するとする.

(M, U) が k 連結であるから, $(\mathring{M}, U)$ も k 連結である. (カラー近傍の存在による.) $p \leqq k$ であるから, 包含写像 $i\colon P \subset \mathring{M}$ のホモトピー

$$\varphi\colon P \times I \longrightarrow \mathring{M}$$

が存在して, $\varphi_0 = i$ かつ $\varphi(P \times 1) \subset U$ となるものが存在する. (問 4.6 による.)

近似定理の結果を適用すれば, まず φ は $P \times 0$ を動かさずに単体写像とホモトープであり, さらに, φ_0 は埋蔵であるから, はじめから φ は非退化単体写像であるとしてよい. φ の単体分割を $\varphi\colon L \to K$ とする. このとき, L の部分複体 L_0, L_1 が $P \times 0$, $P \times 1$, K の部分複体 H が Q をおおうとする. $P \times I \searrow P \times 1$ であるから, $L \searrow L_1$ と仮定してよい. さらに, $\varphi(L - L_0)$ の頂点を K の頂点に関し一般の位置におく. これにより, φ は単体的線型写像

$$L \longrightarrow M$$

で, つぎを満たすものでとりなおせる.

(イ)　$A, B \in L - L_0$ に対し $\dim(\varphi A \cap \varphi B) \leqq |A| + |B| - m$,

(ロ)　$A \in L - L_0$ に対し $\dim(\varphi A \cap Q) \leqq |A| + q - m$,　かつ

(ハ)　$A \in L - L_0$, $B \in L_0$ に対し $\dim(\varphi A \cap \varphi B) \leqq |A| + |B| - m$.

さて, $L \searrow L_1$ の初等縮約の列を,

$$L = L_n \overset{e}{\searrow} L_{n-1} \overset{e}{\searrow} \cdots \overset{e}{\searrow} L_1$$

とし, L_i の p 次元骨格を $L_i^{(p)}$, $P_i = |L_i|$, $P_i^{(p)} = |L_i^{(p)}|$ とおく. i に関して帰

納的に，$\partial M\cup Q$ を動かさない全同位

$$h_i\colon M \longrightarrow M$$

で，$h_i(U)\supset\varphi(P_i^{(p)})$ となるものを構成する．実際，$P_n^p\supset P\times 0$ であるから，h_n が求める h となる．$i=1$ のときには，$\varphi(P_1)=\varphi(P\times 1)\subset U$ であるから，$h_1=id$ とおけばよい．$i\geqq 2$ に対し，h_{i-1} が定義されたとする．$L_i=L_{i-1}+(a*F, F)$ とすれば，

$$(\varphi\,|\,a*F)^{-1}(Q\cup\varphi(P_{i-1}{}^{(p)}))=a*\partial F\cup Z,$$

ただし，多面体 $Z\subset a*F$ は条件(イ)，(ロ)，および $m-p\geqq 3$，$m-q\geqq 3$ により，つぎを満たす．

$$\dim Z\leqq \max\,(p+1+p-m,\ p+1+q-m)\leqq p-2.$$

補題4.4により，多面体 $T\subset a*F$ が存在して，

$$\dim T\leqq p-1,\qquad Z\subset T\cup a*\partial F$$

かつ

$$a*F\searrow a*\partial F\cup T\searrow a*\partial F$$

となる．したがって，$a*F\searrow a*\partial F\cup T$ は $\partial M\cup Q$ の外側での縮約

$$\varphi(P_{i-1}{}^{(p)}\cup a*F)\searrow\varphi(P_{i-1}{}^{(p)}\cup T)$$

をひきおこす．よって，補題4.2により，$\varphi(P_{i-1}{}^{(p)}\cup T)$ の開近傍 V が与えられると，$\partial M\cup Q\cup\varphi(P_{i-1}{}^{(p)}\cup T)$ を動かさない全同位 $g\colon M\to M$ が存在して，

$$g(V)\supset\varphi(P_{i-1}{}^{(p)}\cup a*F)=\varphi(P_i{}^{(p)})$$

となる．一方，$h_{i-1}(U)$ により $\varphi(P_{i-1}{}^{(p)}\cup T)$ を吸い込むために帰納法の仮定が使用される．そのために，

$$P'=\varphi(T),\qquad Q'=Q\cup\varphi(P_{i-1}{}^{(p)})$$

とおけば，

$$P'\subset \mathring{M},\qquad \dim P'\equiv p'\leqq p-1,\qquad \dim Q'\equiv q'=\max\,(q,p)$$

で，$m-p'\geqq 3$, $m-q'\geqq 3$ および $k>p-1$ が満たされる．もちろん，$(M, h_{i-1}(U))$ は k 連結であるから，$\partial M\cup Q'$ を動かさない全同位 $f\colon M\to M$ が存在して，

$$f(h_{i-1}(U))\supset\varphi(T)$$

となる．上で $V=f(h_{i-1}(U))$ として g を得たとすれば，

$$h_i=g\circ f\circ h_{i-1}$$

が求めるものである．▌

c) $\boldsymbol{R}^n$ と S^n の位相的性格づけ（吸い込みの定理Ｉの応用）

定義 W を開（コンパクトでなく境界をもたない）多様体とする．W が ∞ で1連結とは，W のコンパクトな集合 C に対し，W のコンパクト集合 D が存在して，$C \subset D$ かつ $W-D$ が1連結となるときをいう．

問 4.7 $\boldsymbol{R}^n$ は ∞ で1連結である．——

連結性および ∞ で1連結という性質は明らかに位相不変である．つぎの定理は $\boldsymbol{R}^n$, $n \geqq 5$, をこれらにより性格づけている．

定理 4.5 W を n 次元開多様体で，$n-3$ 連結かつ ∞ で1連結とする．

$$n \geqq 5 \quad \text{のとき} \quad W \text{ は } \boldsymbol{R}^n \text{ と PL 同型}$$

である．

証明 定理の証明のためにつぎの主張を示す．

[主張] W のかってなコンパクト集合 C に対し，n 次元 PL 球体 B が存在して，$\mathring{B} \supset C$ となる．（すなわち，C は PL 球体の内部に吸い込まれる．）

この主張が示されると，定理 4.5 はつぎのように証明される．

W は可算個のコンパクト多面体の列 $P_1 \subset P_2 \subset \cdots \subset P_i \subset \cdots$ により，$W = \bigcup_{i=1}^{\infty} P_i$ と表わされる．まず，主張により $\mathring{B}_1 \supset P_1$ となる PL n 球体をみつけ，つぎに，$P_2 \cup B_1$ を内部に含む PL n 球体をみつける．… このように帰納的に PL n 球体の列 $B_1 \subset B_2 \subset \cdots \subset B_i \subset \cdots$ で

$$W = \bigcup_{i=1}^{\infty} B_i \quad \text{かつ} \quad B_i \subset \mathring{B}_{i+1}, \qquad i = 1, 2, \cdots$$

を満たすものが得られる．円環性定理によって，$B_{i+1} - \mathring{B}_i \cong \partial B_i \times I$ である．一方，$\boldsymbol{R}^n$ は $D_r = [-r, r]^n$ とすれば，

$$\boldsymbol{R}^n = \bigcup_{r=1}^{\infty} D_r, \qquad \text{ただし} \quad D_{r+1} - \mathring{D}_r \cong \partial D_r \times I$$

と表わされる．PL 同型

$$h_1 \colon B_1 \longrightarrow D_1$$

をとり，$h_1 | \partial B_1 \colon \partial B_1 \to \partial D_1$ をカラー $B_2 - \mathring{B}_1 \cong \partial B_1 \times I$, $D_2 - \mathring{D}_1 \cong \partial D_1 \times I$ にそって PL 同型

$$h_2 \colon B_2 \longrightarrow D_2$$

へと拡張する．かくして，帰納的に，各 i に対し，PL 同型

$$h_i\colon B_i \longrightarrow D_i, \qquad \text{ただし}\quad h_i\,|\,B_{i-1} = h_{i-1}$$

が得られる．求める PL 同型

$$h\colon W \longrightarrow \boldsymbol{R}^n$$

は，W の点 x に対し，$x \in B_i$ のとき，

$$h(x) = h_i(x)$$

により定義される．

［主張の証明］　W は ∞ で1連結であるから，コンパクト集合 C' が存在して，$C' \supset C$, $Q-C'$ は1連結となる．J を W の分割とする．K を J の $n-3$ 骨格，L を J の重心細分 J' の単体で，$|K|$ と交わらぬものの全体とする．J' の p 単体 σ は，J の単体の列 $A_0 < A_1 < \cdots < A_p$ に対し，

$$\sigma = \hat{A}_0 * \hat{A}_1 * \cdots * \hat{A}_p$$

と表わされる．$\sigma \in L$；$\sigma \cap |K| = \phi$ であれば，$|A_0| \geqq n-2$ であるから，$p \leqq 2$ でなくてはならない．故に，$\dim L \leqq 2$ である．C' はコンパクトであるから，C' と交わる L の単体の全体はコンパクト多面体 P_0 をなす．$Q_0 = cl(|L| - P_0)$ とすれば，$\dim Q_0 \equiv q_0 \leqq 2$, $\dim P_0 \equiv p_0 \leqq 2$, かつ $n \geqq 5$ であるから，$q_0, p_0 \leqq 2 \leqq n-3$ が成り立つ．また，$V = W - C'$ とおくと，V は1連結で，W は $n-3$ 連結 $(n \geqq 5)$ であるから，相対ホモトピー群の完全系列から，(W, V) は2連結となる．よって，定理4.4によって，Q_0 を動かさぬ全同位 $g\colon W \to W$ により，$g(V) = W - g(C') \supset |L|$ とすることができる．すなわち，$D = g(C')$ とおくと，$|L| \cap D = \phi$ となる．さて，K' は J' の正則部分複体であるから，特性関数

$$f\colon J' \longrightarrow I, \qquad f^{-1}(0) = |K'|, \qquad f^{-1}(1) = |L|$$

が得られる．$D \cap |L| = \phi$ であるから，$0 < \varepsilon < 1$ なる ε が存在して，$f^{-1}[0, \varepsilon]$ は K' の J' における導近傍で，$f^{-1}[0, \varepsilon] \supset D$ となる．とくに，D はコンパクトであるから，$|K'|$ の或るコンパクトな多面体 P の J' における導近傍 N に対し，$N \supset D$ となる．$N \searrow P$ に注意しておく．

さて B_0 を1点の星近傍とすれば，これは PL n 球体で，(W, B_0) は $n-3$ 連結である．$\dim P \leqq \dim K' \leqq n-3$ であるから，W の全同位 $k\colon W \to W$ が存在して，

$$k(\mathring{B}_0) \supset P$$

となる．また，$N \searrow P$ であるから $k(\mathring{B}_0) \supset N$, したがって，$k(\mathring{B}_0) \supset D = g(C')$ と仮定できる．$g^{-1}(k(B_0)) = B$ が求めるものである．∎

系(高次元 Poincaré 予想) M を m 次元閉(PL)多様体とし，$m \geqq 5$，かつ $[m/2]$ 連結とする．M は m 次元球面 S^m と同位相である．ただし，$[m/2]$ は Gauss の記号で，$2k \leqq m$ となる最大の整数 k である．

証明 $m \geqq 5$ より，M は少なくとも 1 連結で，Poincaré の双対定理，Hurwicz の定理および普遍係数定理により，

$$H_{m-i}(M; \boldsymbol{Z}) \cong H^i(M; \boldsymbol{Z}) = H_i(M, \boldsymbol{Z}) = 0, \quad 1 \leqq i \leqq \left[\frac{m}{2}\right]$$

が成立する．よって，

$$H_i(M; \boldsymbol{Z}) = 0, \quad m-1 \geqq i \geqq \left[\frac{m}{2}\right].$$

したがって，$\pi_i(M)=0$，$i \leqq m-1$，となる．また，一般の位置の議論により，

$$\pi_i(M, M-x) = 0, \quad i \leqq m-1$$

を得る．よって，相対ホモトピー群の完全系列により，

$$\pi_i(M-x) = 0, \quad i \leqq m-2,$$

すなわち，$M-x$ は $m-2$ 連結である．$M-x=W$ とおき，W が ∞ で 1 連結であることがいえれば，W と $\boldsymbol{R}^m$ が PL 同型であることがいえる．C を W のコンパクト集合とする．x の M における星近傍 B を十分小さくとれば，$M-B \supset C$ となる．$C'=M-\mathring{B}$ とおけば，C' は W のコンパクト集合で，$W-C'=\mathring{B}-x$ となる．$B-x$ は $S^{m-1}\times(0,1)$ と同位相で，$m \geqq 2$ であれば 1 連結である．よって，W は ∞ で 1 連結，したがって $\boldsymbol{R}^m$ に PL 同型である．よって M は $\boldsymbol{R}^n$ の 1 点コンパクト化である．m 次元球面 S^m も $\boldsymbol{R}^m$ の 1 点コンパクト化であるから，M は S^m に同位相である．▌

定理 4.6(弱 h 同境定理) N をコンパクトな n 次元多様体とし，$\partial N=M_1 \cup M_2$，$M_1 \cap M_2=\phi$ とする．(N, M_1) が r 連結，(N, M_2) が s 連結で，

$$r \leqq n-3, \quad s \leqq n-3 \quad \text{かつ} \quad r+s+1 = n$$

とする．そのとき，

$$N-M_2 \cong M_1 \times [0, \infty), \quad N-M_1 \cong M_2 \times [0, \infty),$$

そして，

$$\mathring{N}\,(=N-(M_1 \cup M_2)) \cong M_1 \times \boldsymbol{R} \cong M_2 \times \boldsymbol{R}$$

が成立する．

証明　$N-M_2 \cong M_1\times[0, \infty)$ を示せば十分である．$W=N-M_2$ とおく．定理4.5の証明のように，W のかってなコンパクト集合 C に対し，M_1 の W における正則近傍 N' が存在して，$\mathring{N}'\cup M_1 \supset C$ を示せばよい．実際，このことから，M_1 の W における正則近傍の列 $N_1\subset N_2\subset\cdots\subset N_i\subset\cdots$ で，$N_i\subset \mathring{N}_{i+1}\cup M_1$, $i=1, 2, \cdots$, かつ

$$W=\bigcup_{i=1}^{\infty} N_i$$

となるものが得られる．円環性定理から

$$cl(N_{i+1}-N_i)\cong(\partial N_i-M_1)\times I$$

であるから，W と $M_1\times[0, \infty)=\bigcup_{i=1}^{\infty} M_1\times[0, i]$ の間の PL 同型が得られる．

C を含む正則近傍 N' はつぎのように求まる．

$(J\,;J_1, J_2)$ を $(N\,; M_1, M_2)$ の分割とし，

$$K=J_1\cup J^{(r)},\qquad \text{ただし}\quad J^{(r)} \text{ は } J \text{ の } r \text{ 骨格},$$
$$L=J \text{ の重心細分 } J' \text{ の } |K| \text{ と交わらぬ単体の全体}$$

とおく．定理4.5と同様に，

$$\dim L \leqq n-r-1=s$$

である．

さて，W のコンパクト集合 C を M_1 の W における正則近傍，とくにカラー近傍 N_1 で吸い込むために，定理4.5のように，C を $|L|$ の外側へ押し出しておく．そのためには，$M_2\cap C=\phi$ であるから，M_2 の N における十分小さなカラー近傍 N_2 を $N_2\cap C=\phi$ となるようにとり，$V=\mathring{N}_2\ (\subset W)$ とおいて，V により $|L|$ を吸い込めばよい．ホモトピー同値

$$(W, V)\simeq\left(N-M_2\times\left[0, \frac{1}{2}\right), M_2\times\left[\frac{1}{2}, \frac{2}{3}\right]\right)$$
$$\simeq\left(N, M_2\times\left[0, \frac{2}{3}\right]\right)\simeq(N, M_2)$$

が存在するので，(W, V) はやはり s 連結である．

$$\dim|L|\leqq s\leqq n-3$$

であるから，M_1 を動かさない W の全同位 $g: W\to W$ が存在して，$g(V)\supset|L|$ となる．すなわち，$g(C)\cap|L|=\phi$．したがって，$g(C)$ は $|K|$ の或るコンパクト

な部分多面体 P の導近傍 N_0 に含まれる．

$U=\mathring{N}_1\cup M_1$ とおくと，M_1 は U の変形レトラクトであるから，(W, U) は r 連結である．また，

$$\dim P \leqq r \leqq n-3$$

であるから，P, したがって N_0 は U によって吸い込まれる．すなわち，M_1 を動かさない全同位

$$f: W \longrightarrow W$$

が存在して，$f(U)\supset N_0$ となる．$g^{-1}\circ f(N_1)=N'$ が求める M_1 の W における正則近傍である．∎

d）吸い込みの定理 II とその埋蔵定理への応用

定理 4.7（吸い込みの定理 II）　m 次元多様体 M の内部にコンパクト部分多面体 P, Q が与えられ，$P\searrow R$ とする．このとき，

$$\dim Q \equiv q \leqq m-3, \qquad \dim R \equiv s \leqq m-3$$

かつ，(M, P) は少なくとも q 連結であるとすれば，$\mathring{M}$ のコンパクトな部分多面体 C で，

$$C\supset P\cup Q, \quad C\searrow P \quad \text{かつ} \quad \dim(C-P)\leqq r+1$$

を満たすものが存在する．

証明　$Q_1=cl(Q-P)$ とおき，$Q_1\neq\phi$ とする．$\dim(Q_1\cap P)\leqq r-1$ であるから，補題4.4により，$\mathring{M}$ のコンパクト部分多面体 R_1 で，

$$P\searrow R\cup R_1\searrow R, \quad Q_1\cap P\subset R\cup R_1 \quad \text{かつ} \quad \dim R_1\leqq r$$

となるものが存在する．よって，

$$P\cup Q = P\cup Q_1\searrow R\cup R_1\cup Q_1$$

となる．

N を R の $\mathring{M}$ における正則近傍とし，$U=\mathring{N}$ とおけば，R は P と U の変形レトラクトであるから，(M, U) は少なくとも q 連結となる．よって，吸い込みの定理 I により，R を動かさない全同位 $h: M\to M$ が存在して，$h(U)\supset R\cup R_1\cup Q_1$ となる．$P\cup Q\searrow R\cup R_1\cup Q_1$ より，さらに，$h(U)\supset P\cup Q$ と仮定してよい．$h(N)$ は R の正則近傍である．一方，P の U における導近傍を N' とすれば，$P\searrow R$ であるから，N' は R の正則近傍で，円環性定理から，$h(N)-\mathring{N}'\cong\partial N'\times I$ となる．よって，$h(N)$ は P の正則近傍でもある．再び，補題4.4により，

$$h(N)\searrow C\searrow P,\quad C\supset P\cup Q \quad \text{かつ} \quad \dim(C-P)\leqq q+1$$

となるコンパクト部分多面体 C が求まる. ▌

定理 4.8 (Irwin の埋蔵定理) m 次元コンパクト多様体 M から n 次元多様体 N への連続写像

$$f\colon (M,\partial M)\longrightarrow (N,\partial N)$$

が与えられ, $f|\partial M\colon \partial M\to\partial N$ は PL 埋蔵であるとする. さらに

(i) M は $2m-n$ 連結,

(ii) N は $2m-n+1$ 連結, で,

(iii) $n-m\geqq 3$

と仮定する. このとき, f は ∂M を動かさずに PL 埋蔵

$$g\colon M\longrightarrow N$$

で, $g^{-1}(\partial N)=\partial M$ となるものにホモトープである.

証明 カラー近傍 $(\partial M\times I)$, $(\partial N\times I)$ の存在から, ∂M を動かさないホモトピーのもとで, f はすでに $(\partial M\times I)=f^{-1}(\partial N\times I)$, かつ $f|(\partial M\times I)$ は PL 埋蔵であるとしてよい.

つぎに, f を ∂M で固定したまま単体近似, 一般の位置に近似して, f が PL 写像で, $S(f)\subset\mathring{M}$, $\dim S(f)=s$ とおくと,

$$s=2m-n$$

であるとしてよい. $n-m\geqq 3$ より,

$$s\leqq m-3$$

が成り立つ. よって, $S(f)$ の点 x_0 に対し, 吸い込みの定理IIにより, $C\supset S(f)\cup\{x_0\}=S(f)$ かつ $C\searrow x_0$, $\dim C\leqq 2m-n+1$ である $\mathring{M}$ のコンパクト部分多面体 C が存在する. $f(C)$ を N の中で考えると, $S(f)$ に対して C を得たのと同様に, $f(C)$ の点 y_0 に対し, $D\searrow y_0$, $D\supset f(C)$, $\dim D\leqq 2m-n+2$ である $\mathring{N}$ のコンパクト部分多面体 D が存在する.

さらに, 一般の位置の議論から, $f(C)$ を動かさない N の全同位 $h\colon N\to N$ によって,

$$\dim((h(D)-f(C))\cap f(M))\leqq 2m-n+2+m-n=3m-2n+2\leqq 2m-n-1$$

とすることができる. よって, $D'=h(D)$, $f^{-1}(D')=C\cup X$ とおけば, D', C は可約で, f は非退化であるから,

$$\dim X \leqq \dim(h(D)-f(C)) \leqq 2m-n-1$$

となる．

ここで，$C_1=C$, $D_1=D'$, $X_1=X$ とおき，帰納的に，可約な多面体 $C_i \subset \mathring{M}$, $D_i \subset \mathring{N}$, および多面体 $X_i \subset \mathring{M}$ で，$S(f) \subset C_i$, $f^{-1}(D_i)=C_i \cup X_i$, $\dim X_i \leqq 2m-n-i \leqq m-3$ となったと仮定する．このとき，再び吸い込みの定理IIから，コンパクト可約な多面体 $C_{i+1} \subset \mathring{M}$ で，

$$C_{i+1} \supset C_i \cup X_i, \qquad \dim(C_{i+1}-C_i) \leqq \dim X_i+1$$

となるものが存在する．同様に，上で $D'=D_1$ を求めたようにして，コンパクト可約な多面体 $D'' \subset \mathring{M}$ で，

$$D'' \supset D_i \cup f(C_{i+1}), \qquad \dim(D''-D_i) \leqq \dim X_i+2$$

となるものが存在する．再び，一般の位置の議論から，$D_i \cup f(C_{i+1})$ を動かさない全同位 $k: N \to N$ により，

$$\dim(k(D'')-(D_i \cup f(C_{i+1})) \cap f(M)) \leqq \dim X_i+2+m-n \leqq \dim X_i-1$$

とすることができる．$D_{i+1}=k(D'')$ とおくと，

$$\dim X_{i+1} \leqq \dim X_i-1 \leqq 2m-n-i-1 = 2m-n-(i+1)$$

となる．$j>2m-n$ とすれば，$X_j=\phi$ であるから，結局 $f^{-1}(D_j)=C_j \supset S(f)$ が成立する．PL 写像 $f:(M, C_j) \to (N, D_j)$ の単体分割 $f:(K, L) \to (H, J)$ に対し，その2回導細分 $f:(K'', L'') \to (H'', J'')$ が単体的に定まる．$E=st(L'', K'')$, $F=st(J'', H'')$ とおけば，E, F は C_j, D_j の導近傍であるから球体である．$f|K''$ は単体的であるから，$f(\mathring{E})=\mathring{F}$, $f(M-\mathring{E}) \subset N-\mathring{F}$ で，$S(f) \subset C_j$ より，$f|M-\mathring{E}$ は PL 埋蔵である．とくに，$f(\partial E) \subset \partial F$ であるから，錐拡大により，$f|\partial E$ は PL 埋蔵 $\alpha: E \to F$ へ拡大される．求める $g: M \to W$ は，$g|M-\mathring{E}=f|M-\mathring{E}$, $g|E=\alpha$ とおいたものである．実際，f と g は E の内部で異なるが，E は可縮であるから，f と g は $M-\mathring{E}$ を動かさずにホモトープとなる．▌

系1 m 次元閉多様体 M が k 連結で，$k \leqq m-3$ であれば，$\boldsymbol{R}^{2m-k}$ に PL 埋蔵される．

系2 m 次元多様体 M が k 連結であれば，

$$i \leqq \min\left(m-3, \frac{m+k-1}{2}\right)$$

を満たす $\pi_i(M, x_0)$ のかってな元は，S^i からの PL 埋蔵で実現される．

§4.3　結び目と局所平坦性

a）多様体対の局所平坦性

M^q を q 次元多様体，M^m を M^q の m 次元部分多様体とする．$M^{q,m}=(M^q, M^m)$ を (q,m) **多様体対**といい，$q-m=c$ を $M^{q,m}$ の**余次元**という．$M^{q,m}$ が**固有**(な対)であるとは，包含写像 $M^m \subset M^q$ が固有で，$\partial M^m \subset \partial M^q$，$\mathring{M}^m \subset \mathring{M}^q$ であるときをいう．**球体対** $B^{q,m}$ といえば，球体 B^q, B^m のなす固有な対であるとする．球面 S^q, S^m のなす対 $S^{q,m}$ を**球面対**という．

問 4.8　固有な多様体対 $M^{q,m}$ の境界対 $\partial M^{q,m}=(\partial M^q, \partial M^m)$ は再び固有である．

例 4.1　$J=[-1,1]$ とし，その q 重積 J^q に対し，$m \leqq q-1$ のとき，$J^m \equiv J^m \times 0^{q-m} \subset J^q$ とみなす．$J^{q,m}=(J^q, J^m)$ とおくと，$J^{q,m}$ は (q,m) 球体対で，**標準 (q,m) 球体対**と呼ばれる．また，$\partial J^{q,m}$ は $(q-1, m-1)$ 球面対で，**標準 $(q-1, m-1)$ 球面対**とよばれる．(図 4.6)

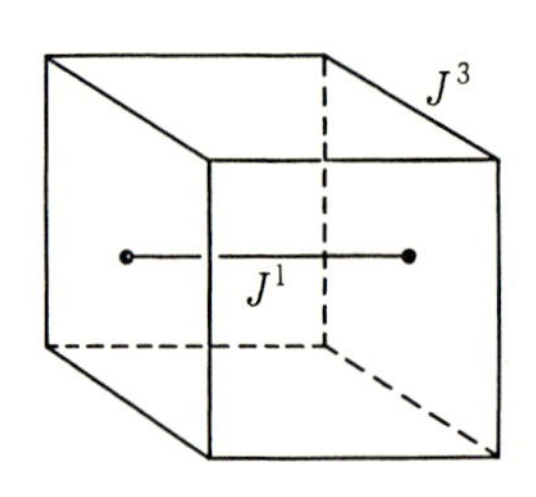

図 4.6　標準球体対 $J^{3,1}=(J^3, J^1)$

球体対 $B^{q,m}$ が $J^{q,m}$ と同型であるとき，$B^{q,m}$ は**自明** (trivial) である，また，球面対 $S^{q,m}$ が $\partial J^{q+1,m+1}$ と同型であるとき，$S^{q,m}$ は**自明**であるといわれる．

多様体対 $M^{q,m}$ が局所平坦であるとは，M^m の各点 x で，$st(x, M^{q,m})$ $(=st(x, K^{q,m})$，ただし $K^{q,m}$ は $M^{q,m}$ の単体分割) が自明な球体対と同型であるときをいう．

問 4.9　コンパクトな多様体対 $M^{q,m}$ は局所平坦であれば固有である．また，$M^{q,m}$ が局所平坦ならば $\partial M^{q,m}$ も局所平坦である．——

局所平坦な球体対 $B^{q,m}$ を (q,m) **(結び)糸**，局所平坦な球面対 $S^{q,m}$ を (q,m) **(結び)輪**ということもある．結び糸や結び輪が与える幾何的状況を**結び目**という．結び目がいつ自明であるかを調べる問題を**結び目の解消の問題** (unknotting problem) という．

例 4.2（自明でない結び輪の例（3 葉結び輪））　図 4.7 のような 1 次元球面 S^1 を $\boldsymbol{R}^3$ でつくり，$\boldsymbol{R}^3 \cup \{\infty\} = S^3$ とみなし，結び輪 $S^{3,1} = (S^3, S^1)$ が得られる．これは **3 葉結び輪**（trefoil knot）とよばれ自明でない．

問 4.10　3 葉結び輪が自明でないことをつぎの順序で示せ．

(1)　$\pi_1(S^3 - S^1, x_0)$，ただし $x_0 \in \boldsymbol{R}^3 - S^1 \subset S^3 - S^1$，は表示

$$(a, b, c\,;\ c = a^{-1}ba,\ c = bab^{-1}) \cong (a, b\,;\ a^{-1}ba = bab^{-1})$$

を有する．（図 4.7）

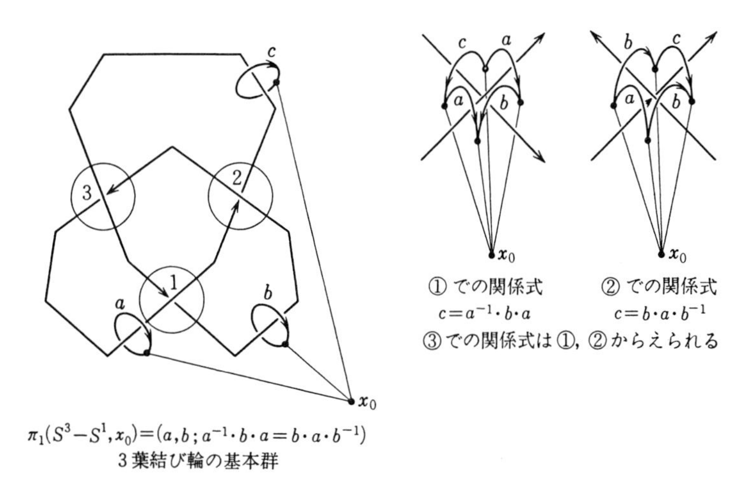

図 4.7　3 葉結び輪

(2)　平面 $\boldsymbol{R}^2$ 上の x 軸上の 3 点 $A_3 = \{1, 2, 3\}$ の自己同型 $\sigma : A_3 \to A_3$（置換）をひきおこす $\boldsymbol{R}^2$ の全同位 $s : \boldsymbol{R}^2 \times I \to \boldsymbol{R}^2 \times I$ による $A_3 \times I$ の像 $s(A_3 \times I)$ を 3 本の**組み糸**という．3 本の組み糸の $\boldsymbol{R}^3 \times \{0, 1\}$ を動かさない $\boldsymbol{R}^2 \times I$ の全同位類の全体は図 4.8 のようにつなげて，乗法群（**3 本の組み糸群**）B_3 をなす．$B_3 = (a, b\,;\ a^{-1}ba = bab^{-1})$ であることをみよ．

(3)　組み糸 $s(A_3 \times I)$ で，$\sigma : A_3 \to A_3$ のみに注目すれば置換 σ が得られる．これにより，B_3 から A_3 の置換群（**3 次の対称群**）$\mathfrak{S}_3$ への全射である準同型 $B_3 \to \mathfrak{S}_3$ がひきおこされる．（この準同型は $(a, b\,;\ a^{-1}ba = bab^{-1}) \to (a, b\,;\ a^{-1}ba = bab^{-1}, a^2 = 1,\ b^2 = 1)$ と関係式をふやすことにより得られるとも解釈されるし，また，3

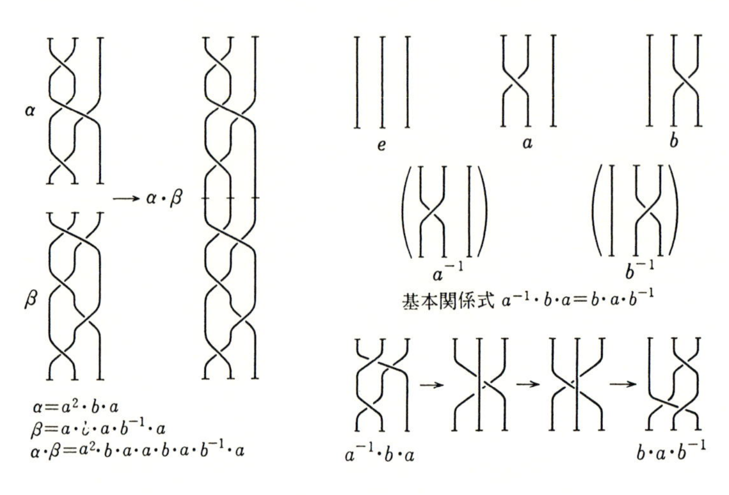

図 4.8　3本の組み糸群 $B_3=(a, b\,;\,a^{-1}\cdot b\cdot a=b\cdot a\cdot b^{-1})$,
B_3 の単位元 e, B_3 の生成元 a, b

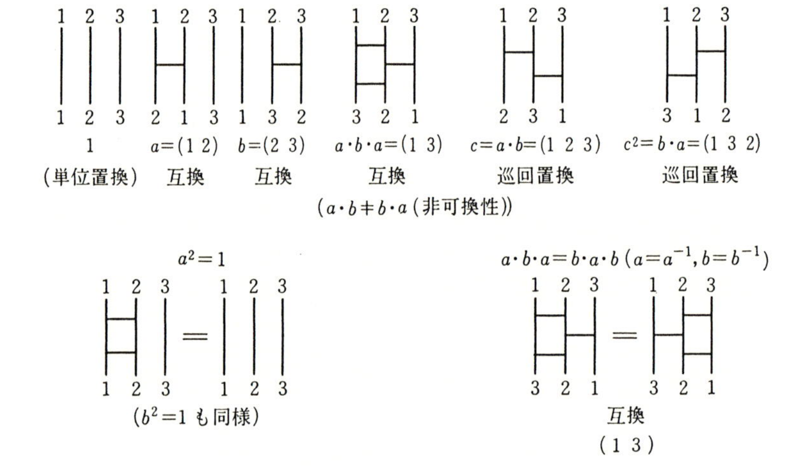

図 4.9　$\mathfrak{S}_3$ の六つの元に対応するアミダくじ

本の組み糸群 B_3 を‘3本のアミダくじ’の群$\cong\mathfrak{S}_3$とみなすと幾何学的に解釈することもできる.(図4.9))

(4) 標準的結び輪 $\partial(J^4, J^2)$ に対し, $\pi_1(\partial J^3-\partial J^1, *)=\boldsymbol{Z}$ であることを示せ.

(5) (3)と(4)から $S^{3,1}$ が自明でないことを結論せよ.

注意 問4.10では基本群の位相不変性にもとづき,事実(1),全射である準同型

$$(a, b\,;\ a^{-1}ba=bab^{-1}) \longrightarrow (a, b\,;\ a^{-1}ba=bab^{-1},\ a^2=1,\ b^2=1)=\mathfrak{S}_3$$

の存在, $\mathfrak{S}_3$ の非可換性,および事実(4)が本質である.組み糸群やアミダくじ群を仲介させたのは,幾何的直観で代数的事実の必然を見易くするためである.

問4.11 (q, m) 球体対 $B^{q,m}$, 球面対 $S^{q,m}$ に対し,その錐 $c*B^{q,m}=(c*B^q, c*B^m)$, $c*S^{q,m}=(c*S^q, c*S^m)$ は共に $(q+1, m+1)$ 球体対である.錐 $c*B^{q,m}$, $c*S^{q,m}$ の同型類は,それぞれ $B^{q,m}, S^{q,m}$ の同型類と,対応 $c*B^{q,m}\mapsto B^{q,m}$, $c*S^{q,m}\mapsto S^{q,m}$ により,1対1に対応する.(同型の制限と錐拡大による.) とくに, $c*B^{q,m}$, $c*S^{q,m}$ が局所平坦(したがって自明)であるための必要十分条件は,それぞれ $B^{q,m}, S^{q,m}$ が自明であることである.(PL投射が‘対’に対してもうまく使える.) とくに,3葉結び輪 $S^{3,1}$ の錐 $c*S^{3,1}$ は局所平坦でない.

問4.12 球体対 $B^{q,m}$ (あるいは球面対 $S^{q,m}$) が自明であるための必要十分条件は,

$$B^{q,m}\times J=(B^q\times J, B^m\times J) \qquad (S^{q,m}\times J=(S^q\times J, S^m\times J))$$

が自明であることである.

問4.13 $M^{q,m}$ が局所平坦であるための必要十分条件は, $M^{q,m}$ のかってな分割 $K^{q,m}$ および K^m のかってな単体 A に対し,

$$lk(A, K^{q,m})=(lk(A, K^q), lk(A, K^m))$$

が自明な球体対あるいは球面対となることである.(A の重心 $\hat{A}$ に対し, $st(\hat{A}, K^{q,m})\cong(\hat{A}*lk(A, K^{q,m}))\times A$ を示せばよい.)

問4.14 自明な球体対 $B_i^{q,m}$, $i=1, 2$, に対して,同型 $h:\partial B_1^{q,m}\to\partial B_2^{q,m}$ は同型 $H: B_1^{q,m}\to B_2^{q,m}$ に拡大される.

b) 自明球体対定理と局所平坦な正則近傍対の理論

ここでは, §3.1, b)の結果を対(つい)に対して拡張する.

定理4.9 [n] (自明球体対定理) $m\leqq n$ とする. $B_i^{q,m}$, $i=1, 2$, を自明な球体対, $C_i^{q-1,m-1}\subset\partial B_i^{q,m}$, $i=1, 2$, をやはり自明な球体対とする.このとき,同型

$f: C_1^{q-1,m-1} \to C_2^{q-1,m-1}$ は同型 $F: B_1^{q,m} \to B_2^{q,m}$ に拡張される.

系 $[n]$ (mod 定理4.9 $[n]$)　$m \leqq n$ とし, $B^{q-1,m-1} \subset S^{q-1,m-1}$ はそれぞれ自明であるとすれば, $S^{q-1,m-1} - \mathring{B}^{q-1,m-1}$ は自明な $(q-1, m-1)$ 球体対である.

つぎの定理4.10 $[n]$ も, 定理4.9 $[n]$ の系として成立する.

定理 4.10 $[n]$ (mod 定理4.9 $[n]$) (カラー近傍対定理)　$m \leqq n$ とする. $M^{q,m}$ を局所平坦な多様体対とし, $V^{q-1,m-1} \subset \partial(M^{q,m})$ を局所平坦な多様体対とする. このとき, $V^{q-1,m-1}$ の $M^{q,m}$ における導近傍対 $N^{q,m} = (N^q, N^m)$ はカラー近傍対である. すなわち, PL 同相

$$c:\ V^{q-1,m-1} \times [0,1] \longrightarrow N^{q,m}$$

が存在して, V^{q-1} の各点 x で, $c(0,x) = x$ となる. ——

実際, $M^{q,m}$ の分割 $K^{q,m}$ で, その部分複体対 $L^{q-1,m-1}$ が $V^{q-1,m-1}$ をおおうものをとれば, L^{m-1} の p 単体 A の $K^{q,m}$ における双対の対 $M_A^{q,m} = (M_A^q, M_A^m)$, $L^{q,m}$ における双対の対 $V_A^{q-1,m-1} = (V_A^{q-1}, V_A^{m-1})$ が得られるが, $\partial(M_A^{q,m}) \supset V_A^{q-1,m-1}$ であり, また, 局所平坦性から, $M_A^{q,m}$, $V_A^{q-1,m-1}$ はともに自明な球体対である. (§4.3, a) の問4.12)　よって, §3.1, b) の定理3.2 $[n]$ の議論と平行に上の定理4.10 $[n]$ は示される.

系 $[n]$　$m \leqq n$ とする. $M_i^{q,m}$, $i=1,2$, を局所平坦な多様体対で, $(q-1, m-1)$ 多様体対 $V^{q-1,m-1}$ に対し,

$$M_1^{q,m} \cap M_2^{q,m} = \partial(M_1^{q,m}) \cap \partial(M_2^{q,m}) = V^{q-1,m-1}$$

であるとする. このとき, $M_1^{q,m} \cup M_2^{q,m}$ も局所平坦な (q, m) 多様体対である. (定理3.2 $[n]$ の系と同様.)

命題 4.2 $[n]$ (mod 定理4.9 $[n]$)　$m \leqq n$ とする. M, N を局所平坦な (q, m) 多様体対とし, $N \subset \mathring{M}$ とする. $V = M - \mathring{N}$ はやはり局所平坦な (q, m) 多様体対で, $\partial V = \partial M \cup \partial N$ である. (§3.1, b) の命題 $[n]$)　——

$W^{q,m} = (W^q, W^m)$ を多様体対とし, P を W^m の部分多面体とする. 多様体対 $N^{q,m} = (N^q, N^m)$ が P の $W^{q,m}$ における正則近傍対であるとは,

(1)　$N^{q,m}$ が P の $W^{q,m}$ における閉近傍の対となっていて,

(2)　$N^{q,m}$ が固有な多様体対で,

(3)　$N^q \searrow N^m \searrow P$

が成立するときをいう. (図4.10)

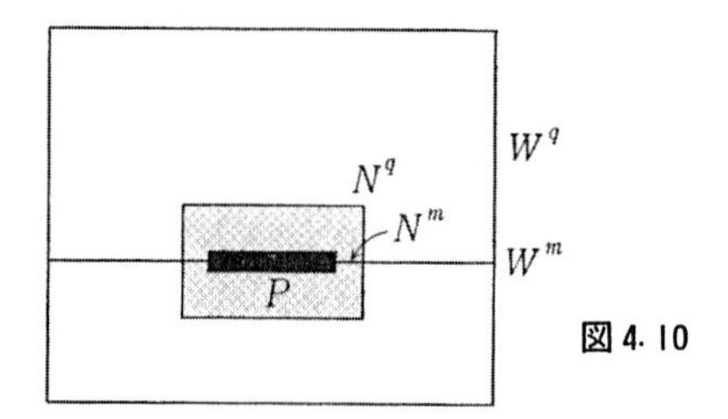

図 4.10

注意　$N^{q,m}$ が P の $W^{q,m}$ における正則近傍対ならば，N^q および N^m はそれぞれ P の W^q および W^m における正則近傍である．しかし，この逆は成立しない．たとえば，図 4.11 のような，(3, 1) 系 $B^{3,1}=(B^3, B^1)$ は B^1 上の点 x の正則近傍対ではないことが知られる．($B^{3,1}$ は結ばれている糸であるから．) しかし，B^3 および B^1 はそれぞれ x の B^3, B^1 での正則近傍である．すなわち，$B^3\searrow x$, $B^1\searrow x$ ではあるが，$B^3\searrow B^1$ とは絶対になりえないのである．

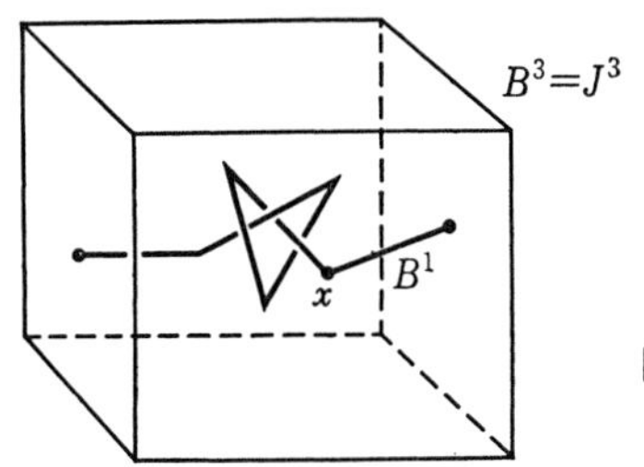

図 4.11　(B^3, B^1) は x の正則近傍対ではない

定理 4.11 $[n]$ (mod 定理 4.9 $[n]$) (局所平坦な多様体対における正則近傍対定理)　$m\leqq n$ とする．$W^{q,m}$ を局所平坦な多様体対とし，P を W^m の部分多面体とする．

(i)　P の $W^{q,m}$ における導近傍対は正則近傍対である．

(ii)　P の $W^{q,m}$ における二つの正則近傍対 $N_1^{q,m}, N_2^{q,m}$ は，P を動かさずに PL 同型である．$N_1^q\cup N_2^q\subset \mathring{W}^q$ であれば，$N_1^q\cup N_2^q$ のかってな近傍 U に対し，$U-P$ に台をもつ $W^{q,m}$ の全同位 $h_t: W^{q,m}\to W^{q,m}$, $0\leqq t\leqq 1$, が存在し，$h_0=id$, $h_1(N_1^{q,m})=N_2^{q,m}$ となる．

系 $[n]$　$m\leqq n$ とする．局所平坦な多様体対 $W^{q,m}$ における可約な多面体 $P\subset W^m$ の正則近傍対は自明な (q, m) 球体対である．——

定理 4.11 $[n]$ から系 $[n]$ を導くには，$W^{q,m}$ の局所平坦性から，$P\searrow x$ とすれば，$st(x, W^{q,m})$ が自明な (q, m) 球体対であることに注意すればよい．

定理 4.11 [n] の証明　(i) については，導近傍対 $N^{q,m}$ に対し，$N^q \searrow N^m \searrow P$ を示さなくてはならないが，§2.4, b) の命題 2.15 の証明からこれは正しい．

(ii) については，$N_1{}^{q,m}$ が或る導近傍対 $N^{q,m}$ に重ねられることをいえばよい．$N_1{}^q \searrow N_1{}^m \searrow P$ を実現する単体的縮約 $K^q \searrow K^m \searrow L$ をとる．このとき，$K^{q,m}=(K^q, K^m)$ は $W^{q,m}$ の分割 $J^{q,m}$ の部分複体対であるとしてよい．$N_0{}^q=N((K^m)', (K^q)')$ とおくと，$N_0{}^q$ は $N_1{}^m$ の $N_1{}^q$ における正則近傍で，$N_1{}^m$ を動かさずに，$N_1{}^q$ に重ねることができる．よって，$N_1{}^q=N_0{}^q$ とみなしてよい．$N^{q,m}=N(L', (K^{q,m})')$ とおく．$K^m \searrow L$ が初等縮約であるとき，$K^m=L+(A, F)$ とする．このとき，$N_1{}^{q,m}$ (ただし $N_1{}^q=N_0{}^q$ とした) は $N^{q,m}$ にコブの対 $st(\hat{A}, (J^{q,m})'')$ をはりつけ，それに，またコブの対 $st(\hat{F}, (J^{q,m})'')$ をはりつけて得られる．これらのコブの対は，$W^{q,m}$ の局所平坦性から自明な球体対である．よって，定理 4.9 [n] および定理 4.11 [$n-1$] を仮定すれば，§3.1, b) における議論と全く同様にして，$N^{q,m}$ を $N_1{}^{q,m}$ に P を固定したまま重ねることができる．∎

注意　$W^{q,m}$ の局所平坦性の仮定なしには定理 4.11 は成立しない．たとえば，3葉結び輪 $S^{3,1}=(S^3, S^1)$ の錐 $c*S^{3,1}$ を考える．$c*S^1-S^1$ 上に1点 $x \neq c$ をとる．$c*S^{3,1}$ は x で平坦である．一方，$c*S^1$ は $c*S^3$ の部分錐であるから，$c*S^3 \searrow c*S^1$ である．$c*S^1$ は円板で，その内点 x に縮約するから，$c*S^3 \searrow c*S^1 \searrow x$ が成立する．したがって，$c*S^{3,1}$ は x の正則近傍対である．もし，x の $c*S^{3,1}$ での正則近傍対の一意性が成立すれば，$c*S^{3,1}$ は自明でなくてはならない．ところが，$S^{3,1}$ は自明でないので矛盾が生ずる．

定理 4.12 [n] (mod 定理 4.9 [n]) (局所平坦な多様体対の均質性)　$m \leqq n$ とする．$M^{q,m}$ を局所平坦な多様体対とし，$M^{q,m}$ の内部に自明な球体対 $B_1{}^{q,m}, B_2{}^{q,m}$ が与えられたとする．もし，$B_1{}^m, B_2{}^m$ が M^m の同じ連結成分に属すれば，$M^{q,m}$ の全同位 $h: M^{q,m} \to M^{q,m}$ が存在し，

$$h(B_1{}^{q,m}) = B_2{}^{q,m}$$

となる．——

証明は §3.1, b) と全く同様である．さらに，§3.1, b) と同様に，この定理 4.12 [n] から定理 4.9 [$n+1$] が示される．$n=-1$ のとき，定理 4.9 [-1]，定理 4.11 [-1] は，§3.1, b) の定理 3.1 [q]，定理 3.3 [q] であるから成立する．よって，

$$\begin{pmatrix}\text{定理 4.9 } [n] \\ \text{定理 4.11 } [n-1]\end{pmatrix} \Longrightarrow \text{定理 4.11 } [n] \Longrightarrow \text{定理 4.12 } [n] \Longrightarrow \text{定理 4.9 } [n+1]$$

の順に帰納法によって上のすべての定理が成立する．

また，§3.1, b)の定理3.6(B_n)の自明球体対に対する類似はつぎのようになる．

定理 4.13　自明球体対 $J^{q,m}$ の自己同型 $h: J^{q,m} \to J^{q,m}$ が J^q, J^m の向きを保つ，すなわち，$h_*: H_q(J^q; \boldsymbol{Z}) \to H_q(J^q; \boldsymbol{Z})$ のとき

$$h_*[J^q] = [J^q], \qquad h_*'[J^m] = [J^m],$$
$$h_*' = (h \mid J^m)_*: H_m(J^m; \boldsymbol{Z}) \longrightarrow H_m(J^m; \boldsymbol{Z})$$

ならば，h は id に同位である．一般に $\boldsymbol{R}^k$ の鏡影 $R_k: J^k \to J^k$ を

$$R_k(x_1, \cdots, x_k) = (-x_1, x_2, \cdots, x_k)$$

により定義し，$q=m+n$, $J^q=J^m \times J^n$ とすれば，かってな自己同型 $h: J^{q,m} \to J^{q,m}$ は id, $id \times R_n$, $R_m \times id$, あるいは $R_m \times R_n$ に同位となる．——

定理4.13および正則近傍対の一意性，カラー近傍対の存在から，つぎの系が直ちに得られる．

系　局所平坦な多様体対 $M^{q,m}$ の点 $p \in M^m$ での二つの局所自明化

$$h_1: J^{q,m} \longrightarrow M^{q,m}, \qquad h_2: J^{q,m} \longrightarrow M^{q,m}$$

に対し，点 p の十分小さな近傍を動かさず，$h_1(J^{q,m}) \cup h_2(J^{q,m})$ の近傍に台をもつ $M^{q,m}$ の全同位 $f: M^{q,m} \to M^{q,m}$ が存在して

$$f \circ h_1(J^{q,m}) = h_2(J^{q,m})$$

であり，さらに，

$$h_2^{-1} \circ f \circ h_1: J^{q,m} \longrightarrow J^{q,m}$$

が id, $id \times R_n$, $R_m \times id$, $R_m \times R_n$ のいずれかとなる．

c) 球体的運動

多様体 W の m 次元部分多様体 M_1, M_2 に対し，$\mathring{W}$ の中に $m+1$ 次元球体 B が存在して，

$$cl(M_1 \cup M_2 - M_1 \cap M_2) = \partial B,$$
$$B \cap M_i = \partial B \cap M_i, \quad i = 1, 2 \quad \text{かつ} \quad B_i = B \cap M_i, \quad i = 1, 2$$

とおくと，これらが m 次元球体であるとき，M_1 と M_2 の間に**球体的運動** $(B; B_1, B_2)$ が存在するという．(図4.12)

命題 4.3　多様体 W^q の局所平坦な部分多様体 $M_1{}^m, M_2{}^m$ の間に球体的運動 $(B; B_1, B_2)$ が存在すれば，B のかってな近傍に台をもつ全同位 $h: W \to W$ が存在して，$h(M_1) = M_2$ となる．

証明　$(W; M_1, M_2)$ の分割で，縮約 $B \searrow B_i$, $i=1, 2$, が部分複体の単体的縮約

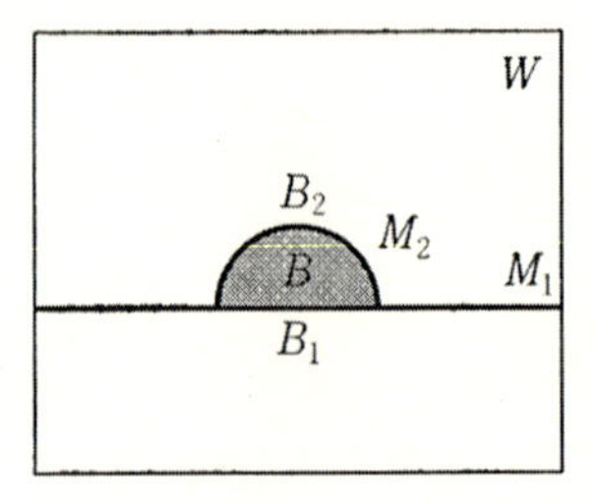

図 4.12 M_1 と M_2 の間の球体的運動 $(B\,;B_1, B_2)$

で実現されるものをとる．この分割に関して，B_i の (W^q, M_i) における十分小さな導近傍対 $N_i^{q,m}$，$i=1,2$，および B の W における導近傍 N^q をとる．$B\searrow B_i$ より，N は N_i^q に N_i^m とは交わらないコブをはりつけて得られる．よって，N_i^m を動かさない W の全同位 $h_i: W\to W$ が存在して，$h_i(N_i^q)=N$，$i=1,2$，となる．一方，$N_i^{q,m}$ は可約である B_i の (W, M_i) での正則近傍対で，(W, M_i) は局所平坦であるから，自明球体対であり，したがって，$(N, N_i^m)=h_i(N_i^q, N_i^m)$ も自明球体対である．また，$\partial N_1^m=\partial N_2^m$ であるから，$\partial(N, N_1^m)=\partial(N, N_2^m)$ の恒等写像は N に台をもつ W の全同位 $h: W\to W$ で，$h(N_1^m)=N_2^m$ となるものに拡張される．h が求める全同位である．▌

命題 4.4 (q, m) 輪 $S^{q,m}$ が自明であるための必要十分条件は，S^m が S^q の中の $m+1$ 次元球体の境界となることである．

証明 必要性は，$\partial J^{m+1}\subset\partial J^{q+1}$ が $E^{m+1}=(\partial J^{m+1}\times[0,1]\cup J^{m+1}\times 1)$ の境界となることによる．逆に，S^m が S^q の中の $m+1$ 次元球体 B の境界 ∂B となれば，(S^q, B^{m+1}) の分割 (K, L) で，L の $m+1$ 単体 A に対して，$A\cap\partial B^{m+1}$ が A のただ一つの m 単体 F であるものがとれる．$st(\hat{A}, (K, L))=(A*lk(A, K), A)$ であり，これは，$A\times(\hat{A}*lk(A, K), \hat{A})$ に同型であるから，結局，自明な $(q, m+1)$ 球体対となる．また，$E^{m+1}\times(J^{q-m-1}, 0)$ も自明な球体対であるから同型 $st(\hat{A}, (K, L))\to E^{m+1}\times(J^{q-m-1}, 0)$ が存在し，これは $S^q\to\partial J^{q+1}$ へ拡張される．すなわち，$lk(\hat{A}, L)=\partial A$ は S^q の中で自明である．ところが，局所平坦な ∂A と S^m の間には球体的運動 $(cl(B^{m+1}-A)\,; F, cl(\partial B-F))$ が存在している．よって，$S^{q,m}$ 自身が自明となる．▌

d) 結び目の消滅定理 I

命題 4.5 球体対 $B^{q,m}$ が与えられ，$\partial B^{q,m}$ は自明であるとする．このとき，$B^{q,m}\cup c*\partial B^{q,m}=S^{q,m}$ は (q, m) 球面対で，$S^{q,m}$ が自明であることと $B^{q,m}$ が自

明であることとは同値である. ——

この命題は, $c*\partial B^{q,m}$ が自明な球体対となることに注意すれば, 球体対定理の系から直ちにしたがう. 証明の詳細は練習問題とする.

つぎの事実は結び目の安定余次元における**消滅定理** (unknotting theorem) と呼ばれる.

定理 4.14 球体対 $B^{q,m}$ あるいは球面対 $S^{q,m}$ はつぎの場合に自明である.

(0) $m=0$,

(i) $q \geqq 2m+2$ (V. K. A. M. Gugenheim の定理),

(ii) $m \geqq 2$, $q=2m+1$ (J. W. Milnor の定理). ——

この定理を部分多様体の各点でのからみ体の対に対して適用すれば, つぎの系が直ちにしたがう.

系 固有な多様体対 $M^{q,m}$ はつぎの場合に局所平坦である.

(0) $m \leqq 1$,

(i) $q \geqq 2m+2$,

(ii) $m \geqq 3$, $q=2m$.

注意 (1) 定理 4.14 は $m=1$, $q=3$ のときには3葉結び輪の存在により成立しない.

(2) §5.3, b) では, $q-m \geqq 3$ の場合の結び目の消滅定理 (Zeeman の unknotting theorem) が示される.

定理 4.14 の証明 (0) $m=0$ の場合には証明は初等的であるから練習問題とする. ($q \geqq 1$ の場合 S^q および B^q は弧状連結である.)

(i) $q \geqq 2m+2$ の場合には, 命題4.5により, $S^{q,m}$ の結び目の消滅をいえばよい. (0) により, $m=0$ では成立するので, 帰納的に $S^{q,m}$ は局所平坦であるとして, 自明であることを示せばよい. そのためには, S^q の中に $m+1$ 球体 B をみつけ, $\partial B=S^m$ となるようにすればよい. まず, $S^q=\partial J^{q+1}$ と同一視して, $S^m \subset \mathring{J}^q$ であるとしてよい. $\mathring{J}^q \subset \boldsymbol{R}^q$ の線型性を利用して証明がなされる.

S^m の $\mathring{J}^q$ における分割 L をとり, L の頂点と一般の位置にある $\mathring{J}^q$ の点 x をとる. x と L が可接合であることをみれば $x*|L|=B$ が求める $m+1$ 球体となる. 実際, 一般の位置から x と L の各単体とは可接合である. よって, $A, B \in L$ に対し,

$$x*A \cap x*B = x*(A \cap B)$$

を示せばよい．いま，$x*A\cap x*B-x*(A\cap B)\neq\phi$ とし，y をその1点とする．A の点 a，B の点 b に対し，$y\in x*a\cap x*b$ となる．よって，2直線 $\overline{x*a}$ と $\overline{x*b}$ は交わるので，$\overline{x*a}=\overline{x*b}$ であるか，$\overline{x*a}\cap\overline{x*b}=\{x\}$ のいずれかである．$a=b$ であれば，$y\in x*(A\cap B)$ であるから $a\neq b$ でなくてはならない．$\overline{x*a}=\overline{x*b}$ であれば，$x\in\overline{a*b}$ となり，x は A と B で張られるアフィン部分空間 $\overline{A\cup B}$ 上にある．

$$\dim\overline{A\cup B}\leqq|A|+|B|+1\leqq 2m+1<q$$

であり，x は L の頂点に関し一般の位置にあるから，これは矛盾である．$\overline{x*a}\cap\overline{x*b}=\{x\}$ のときには，$y=x$ であり，$y\notin x*(A\cap B)$ に矛盾する．結局

$$x*A\cap x*B\subset x*(A\cap B)$$

が示された．

$$x*(A\cap B)\subset x*A\cap x*B$$

は自明であるから，(i)の証明が終る．

(ii)　$m\geqq 2$，$q=2m+1$ の場合には，上と全く同様に，$S^m\subset\mathring{J}^q\subset\partial J^{q+1}=S^q$ とし，S^m の分割 L をとる．(i)により，$S^{q,m}$ は局所平坦であるとしてよい．点 $x\in\mathring{J}^q$ のとり方に $q=2m+1$ の場合にはもう一工夫必要となる．まず，L の m 単体 A に対し，A と可接合になる m 単体の全体を $L(A)$ と表わす．$B\in L(A)$ であれば，$\bar{A}$ と $\bar{B}$ は $\boldsymbol{R}^q$，$q=2m+1$，を生成する．すなわち，$\boldsymbol{R}^q$ のかってな点 z に対し，$\bar{A}$ の点 a，$\bar{B}$ の点 b が一意的に存在して，$z\in\overline{a*b}$ となる．このようにして，$\boldsymbol{R}^q$ の各点 z に直線 $l_z(A,B)=\overline{a*b}$ が対応する．とくに，$C\in L(A)\cap L(B)$ に対し，$l(A,B,C)=\bigcup_{z\in\bar{C}}l_z(A,B)$ とおく．$C\in L(A)\cap L(B)$ より，$\bar{C}$ の各点 z に対し，$l_z(A,B)\neq\phi$ であり，また，$z'\in\bar{C}$ かつ $z'\neq z$ であれば，$l_z(A,B)\cap l_{z'}(A,B)=\phi$ である．よって，$l(A,B,C)$ は $\bar{C}\times\boldsymbol{R}$ と同相になる．すなわち，$\dim l(A,B,C)=m+1$ である．$m\geqq 2$ かつ $q=2m+1$ より，$q-(m+1)\geqq 2$ であるから，$\boldsymbol{R}^q-l(A,B,C)$ は稠密な開集合となる．$l(L)=\bigcup l(A,B,C)$ (ただし A は L の m 単体，$B\in L(A)$，$C\in L(A)\cap L(B)$ についての和集合をとる) とおくと，$\boldsymbol{R}^q-l(L)$ も稠密な開集合である．点 x を $\mathring{J}^q-l(L)$ の中で，L の頂点と一般の位置にあるようにとる．(i)の証明と同様に，x は L の各単体と可接合であり，L の単体 A,B に対し，$|A|+|B|+1\leqq q-1=2m$ であれば，$x*A\cap x*B=x*(A\cap B)$ が成立する．よって，$x*A\cap x*B-x*(A\cap B)\neq\phi$ となるのは，

$|A|=|B|=m$ であり，

$$\dim \overline{A\cup B} = |A|+|B|+1 = 2m+1 \ (=q),$$

すなわち，A と B が可接合のときである．このとき，$y\in x*A\cap x*B-x*(A\cap B)$ とすれば，$x\in l_y(A,B)$ となる．$x\notin l(L)$ ととったので，L の A,B 以外の m 単体 C に対し，$x\notin l(A,B,C)$ である．また，もし $l_x(A,B)\cap C\neq\phi$ であるような単体 C が存在すれば，A の点 a，C の点 c に対し，$\overline{x*a}=\overline{x*c}$ とならざるをえないので，$C\in L(A)$，同様に，$C\in L(B)$ が成立する．よって，$C\in L(A)\cap L(B)$ に対し，$x\in l(A,B,C)$ という矛盾を得る．すなわち，$l_x(A,B)$ はもはや L の A,B 以外の m 単体とは交わらない．$l_x(A,B)\neq\phi$ である L の m 単体の組に番号をつけ，(A_i,B_i)，$i=1,\cdots,r$，とし，$\mathring{A}_i\ni a_i$，$\mathring{B}_i\ni b_i$ に対し，$\overline{a_i*b_i}=l_x(A_i,B_i)$ で，とくに，$b_i\in x*a_i$，ただし便宜上 $S^m\subset J^{q-1}\times[0,1]$，$x\in J^{q-1}\times[-1,0)$ とする．$m\geqq 2$ であるから，S^m に単一折れ線 β をとり，

$$\beta\supset\{b_1,\cdots,b_r\} \quad かつ \quad \beta\cap\{a_1,\cdots,a_r\}=\phi$$

とすることができる．(§4.4, a)の問4.16を参照.)

β の S^m での十分小さな導近傍 D^m をとれば，$D^m\cap\{a_1,\cdots,a_r\}=\phi$ となる．よって，$S'^m=(S^m-\mathring{D}^m)\cup x*\partial D^m$ とおけば，$l_x(A_i,B_i)$ は他の単体と交わらないので，x と D^m は可接合で，$(x*D^m;x*\partial D^m,D^m)$ は S'^m と S^m の間の球体的運動を与える．(図4.13)　ところが，$S^m-\mathring{D}^m$ は x と可接合となり，$x*(S^m-\mathring{D}^m)$ は $m+1$ 球体で，$\partial(x*(S^m-\mathring{D}^m))=S'^m$ であるから，S'^m は自明である．したがって，$S^{q,m}$ も自明である．∎

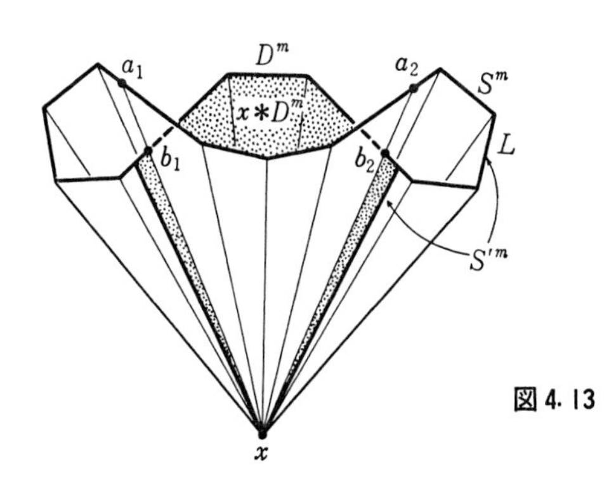

図4.13

§4.4 交叉とからみ

a) 交叉の符号と交叉数

M^m を多様体とし，p を M の内部 $\mathring{M}$ の点とする．M の点 p での m 次元局所ホモロジー群 $H_m(M, M-p)$ は，p の M における球体近傍 U に対し，切除定理および変形レトラクト

$$(U, U-p)\ (\cong (U, \partial U\times(0,1])\supset(U, \partial U))$$

により，

$$H_m(M, M-p)\cong H_m(U, U-p)\cong H_m(U, \partial U) = \boldsymbol{Z}$$

となる．$H_m(M, M-p)=\boldsymbol{Z}$ の生成元 $[M]_p$ を指定することを **M を p で向きづける**といい，$[M]_p$ を **M の p での向き**という．M が点 p で，$[M]_p$ により向きづけられているとするとき，上の自然な同型 $H_m(M, M-p)\cong H_m(U, \partial U)$ で対応する U の向き $[U]$ が得られる．$[U]$ を $[M]_p$ と**同調した向き**という．とくに，M が向きづけ可能で，$[M]$ により向きづけられているとき，$i_*: H_m(M)\to H_m(M, M-p)$ による $[M]$ の像を $[M]_p$ とする，ただし，$i: M\subset (M, M-p)$ は包含写像である．$[M]_p$ を **$[M]$ の p での向き**という．実際，$[M]$ の U への制限を $[U]$ とすると，$[U]$ が $[M]_p=i_*[M]$ に同調するように $[M]_p$ が得られている．

多様体 M^q の中に向きづけられた部分多様体 $(M^m, [M^m])$, $(M^n, [M^n])$ が与えられたとし，$q=m+n$ で，M^m と M^n が点 p で横断的に交わるとする．横断性により，p の M^i，$i=q, m, n$，での球体近傍 U^i，および同型

$$h:\ (U^q\,;\,U^m, U^n)\longrightarrow (J^q\,;\,J^m, J^n),$$

ただし $J^k=[-1,1]\times\cdots\times[-1,1]$ (k 重積)，$J^m=J^m\times 0$，$J^n=0\times J^n$，が存在する．とくに，$h(p)=0$ ととれるが，このとき，h は M^m と M^n の点 p での**直交化**という．h の U^i への制限を $h_i=h|U^i: U^i\to J^i$，$i=m, n$，とし，M^q の p での向き $[M^q]_p$ を与えると，Künneth の同型

$$H_m(J^m, \partial J^m)\otimes H_n(J^n, \partial J^n)\cong H_q(J^q, \partial J^q)$$

により

$$(h_m)_*[U^m]\otimes(h_n)_*[U^n] = \varepsilon_p\cdot h_*[U^q]$$

となる，ただし $\varepsilon_p=\pm 1$，$[U^i]$ は $[M^i]_p$，$i=q, m, n$，と同調した向きとする．

問 4.15　符号 ε_p は点 p での直交化 (h, U^q) のとり方によらない．(局所ホモロ

ジーに対する Künneth の積公式の自然性による.) ——

$\varepsilon_p=\varepsilon([M^q]_p)$ を $[M^m]$ と $[M^n]$ の $[M^q]_p$ に関する**交叉の符号**という.

さて, M^q は連結で, M^m と M^n の交わり $M^m\cap M^n$ は横断的交点 $p_1, \cdots, p_r$ からなるとする.

問 4.16　$q\geqq 1$ のとき, 埋蔵 $\varphi: [0,1]\to M^q$ が存在して, $0=t_1<t_2<\cdots<t_r=1$ に対し, $\varphi(t_i)=p_i$ となる. (M^q は弧状連結で, $p_1, \cdots, p_r$ を通る連続曲線は存在する. これを PL 近似して求める φ をうまくとり出すことができる.) ——

問 4.16 で得られた単一折れ線 $\alpha=\varphi[0,1]$ を **p_1 から p_r に至る道**と呼ぶ. α の M^q における正則近傍 B_α は q 球体である. B_α の向き $[B_\alpha]$ を与えると, $[B_\alpha]_{p_i}=[M^q]_{p_i}$ として M^q の p_i での向きが定まる.

$$I([M^m], [M^n])_{[B_\alpha]} = \sum_{i=1}^{r}\varepsilon([M^q]_{p_i})$$

と定義し, **$[M^m]$ と $[M^n]$ の $[B_\alpha]$ に関する交叉数**と呼ぶ.

問 4.17　$I([M^m], [M^n])_{[B_\alpha]}$ の絶対値 $|I([M^m], [M^n])_{[B_\alpha]}|$ は, B_α, M^m, M^n の向きによらない. ——

$$I(M^m, M^n)_{M^q} = |I([M^m], [M^n])_{[B_\alpha]}|$$

と定義し, M^m と M^n の**代数的交叉数**という. また M^q が向きづけ可能で, $[M^q]$ により向きづけられているとき, $[B_\alpha]$ を $[M^q]$ の B_α への制限であるとして,

$$I([M^m], [M^n])_{[M^q]} = I([M^m], [M^n])_{[B_\alpha]}$$

と定義する. これは明らかに B_α のとり方によらずに定まり, **$[M^m]$ と $[M^n]$ の $[M^q]$ における交叉数**という.

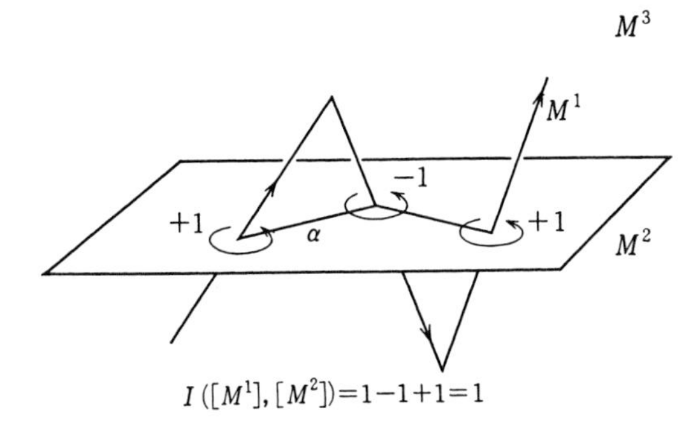

図 4.14　交叉の符号と交叉数

b) 自明な結び輪同士のからみ

自明な結び輪 (S^q, S_1^m), (S^q, S_2^n) に対し，$S_1^m \cap S_2^n = \phi$ であるとき，$(S^q ; S_1^m, S_2^n)$ (の同型類) を**からみ**という．

$$(\partial J^{q+1} ;\ \partial J^{m+1} \times 0^{q-m-1} \times 1,\ \partial J^{n+1} \times 0^{q-n-1} \times (-1))$$

はその自明な例であるが，これと同型なからみは**自明である**(からんでいない)という．

問 4.18　からみ $(S^q ; S_1^m, S_2^n)$ に対し，つぎの条件は互いに同値である．

(i)　$(S^q ; S_1^m, S_2^n)$ は自明である．

(ii)　S_1^m が $S^q - S_2^n$ の q 球体に含まれる．

(iii)　S_1^m が $S^q - S_2^n$ の $m+1$ 球体の境界となる．(結び目が自明であるための条件の場合と同様である．)

問 4.19　$q \geqq m+n+2$ のとき，からみ $(S^q ; S_1^m, S_2^n)$ は自明である．((S^q, S_1^m) が自明であることと一般の位置による．) ——

$q = m+n+1$ として，$(S^q ; S_1^m, S_2^n)$ のからみをはかるために，からみ数をつぎのように定める．S, S_1, S_2 の向きを $[S], [S_1], [S_2]$ と与える．(S, S_1) は自明であるから，同型 $h : (S, S_2) \to (\partial J^{q+1}, \partial J^{n+1})$ が存在する．$J = [-1, 1]$ の向き $[J]$ を指定して，J^k の向き $[J^k]$ を

$$[J] \otimes \cdots \otimes [J]\ (k\ \text{重積}) \in H_1(J, \partial J) \otimes \cdots \otimes H_1(J, \partial J) = H_k(J^k, \partial J^k)$$

と定める．$[\partial J^k] = \partial [J^k]$ とする．定理 4.13 より $h_2 = h | S_2 : S_2 \to \partial J^{n+1}$ とすると，

$$h_*[S] = [\partial J^{q+1}], \qquad (h_2)_*[S_2] = [\partial J^{n+1}],$$

ただし $J^{n+1} = 0^{m+1} \times J^{n+1}$，と h をとりなおせる．

J^{m+1} の向き $[J^{m+1}]$ に対し，$[J^{m+1}] \otimes [J^{n+1}] = [J^{q+1}]$ が成立し，$[\partial J^{m+1}]$ は

$$\begin{aligned} H_m(\partial J^{q+1} - \partial J^{n+1}) &\cong H_m(\partial J^{m+1} \times J^{n+1}) \cup ((J^{m+1} - 0) \times \partial J^{n+1}) \\ &\cong H_m(\partial J^{m+1} \times J^{n+1}) \cong H_m(\partial J^{m+1}) \end{aligned}$$

の生成元となる．$h' = h | S_1 :\ S_1 \to \partial J^{q+1} - \partial J^{n+1}$ とおくと，

$$(h')_*[S_1] = l([S_1], [S_2])_{[S]} \cdot [\partial J^{m+1}]$$

となる整数 $l([S_1], [S_2])_{[S]}$ が定まる．$l([S_1], [S_2])_{[S]}$ を $[S_1]$ と $[S_2]$ の $[S]$ における**からみ数**という．

問 4.20　$l([S_1], [S_2])_{[S]}$ は，$h_*[S] = [\partial J^{p+1}]$，$(h_2)_*[S_2] = [\partial J^{n+1}]$ を満たす h のとり方によらない．(定理 4.13 による．) また，$|l([S_1], [S_2])_{[S]}|$ は，$[S_1]$,

$[S_2], [S]$ の指定によらず一定である. ——

$l(S_1, S_2)_S = |l([S_1], [S_2])_{[S]}|$ を S_1 **と** S_2 **の** S **におけるからみ数**と呼ぶ.

補題 4.5 $(S^q; S_1^m, S_2^n)$ をからみとし, $q=n+m+1$ とする.

(1) S_1 を境界とする $m+1$ 球体 B が S_2 と横断的に交わるように S^q に存在し, $\partial[B]=[S_1]$ と向きづけられたとき,

$$I([B], [S_2])_{[S]} = l([S_1], [S_2])_{[S]}$$

が成立する. (図 4.15(1))

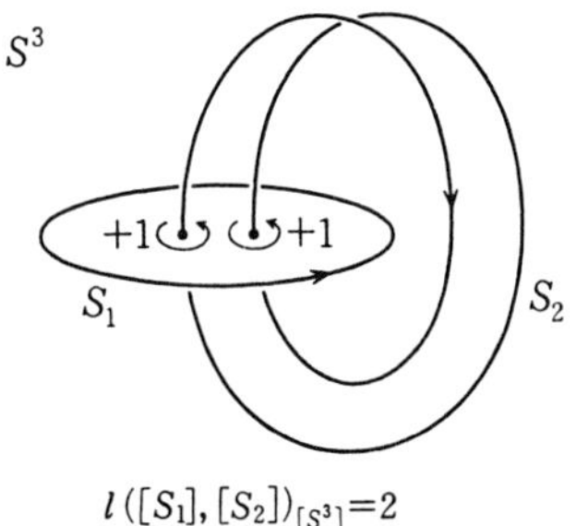

図 4.15(1) からみ数

(2) $(S, S_1), (S, S_2)$ を境界とする自明な球体対 $(B, B_1), (B, B_2)$ に対し, $\partial[B]=[S]$, $\partial[B_1]=[S_1]$, $\partial[B_2]=[S_2]$ となるように向きを定めたとき,

$$I([B_1], [B_2])_{[B]} = l([S_1], [S_2])_{[S]}$$

が成立する.

証明 (1) を示す. $(S, S_2)=(\partial J^{q+1}, \partial J^{n+1})$ と向きもこめて同一視する. B は S_2 と横断的に交わるので, 定理 4.13 の系により, $B\cap S_2=\{p_1, \cdots, p_r\}$ のとき,

$$B\cap (J^{m+1}\times S_2) = \bigcup_{i=1}^{r} J^{m+1}\times p_i$$

としてよい. $B_i=J^{m+1}\times p_i$, $B-\bigcup_{i=1}^{r}\mathring{B}_i=E$ とおき, $[B]$ の B_i への制限を $[B_i]$, E への制限を $[E]$ とすれば,

$$\partial[E] = [S_1]-\sum_{i=1}^{r}\partial[B_i]$$

となる. $S-S_2$ で $\partial[B_i]=\varepsilon_i\cdot\partial[J^{m+1}]$ とすれば, $[B_i]$ と $[S_2]$ の p_i での交叉の符号を $\varepsilon(p_i)$ とすると, $[B_i]=\varepsilon_i\cdot[J^{m+1}]$ かつ $I([J^{m+1}], [S_2])_{[S]}=1$ より,

$$\varepsilon(p_i) = I([B_i], [S_2])_{[S]} = \varepsilon_i$$

となる．すなわち，

$$I([B], [S_2])_{[S]} = \sum_{i=1}^{r} \varepsilon(p_i) = \sum_{i=1}^{r} \varepsilon_i$$

が成立する．一方，

$$[S_1] \quad \text{と} \quad \sum_{i=1}^{r} \partial[B_i] = \left(\sum_{i=1}^{r} \varepsilon_i\right) \cdot \partial[J^{m+1}]$$

は，[E] により $S-S_2$ でホモローグであるから，

$$l([S_1], [S_2])_{[S]} = \sum_{i=1}^{r} \varepsilon_i = I([B], [S_2])_{[S]}$$

が成立する．

(2) を示すには，(B, B_2) を (J^{q+1}, J^{n+1}) と向きをこめて同一視して，$\partial J^{m+1} \subset \partial J^{q+1} - \partial J^{n+1} \subset J^{q+1} - J^{n+1}$ がホモトピー同値であることを使用すれば (1) と全く同様に示される．▌

問 4.21　$(\partial J^{q+1}; \partial J^{m+1}, \partial J^{q-m})$，　ただし　$J^{q-m} = 0^{m+1} \times J^{q-m}$ は自明でないことを示せ．($q=3$, $m=1$ のときの図 4.15 (2) 参照.) ——

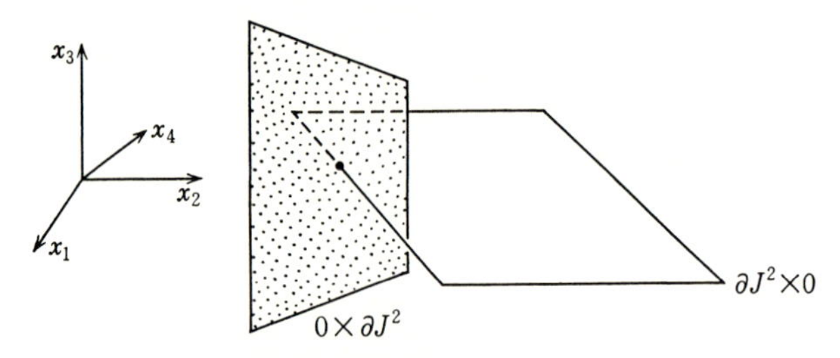

図 4.15 (2)　$\partial J^2 \times 0$ と $0 \times \partial J^2$ は ∂J^4 の中でからんでいる

c) からみの解消定理と Whitney の補題

定理 4.15 [q] (からみの解消定理)　$q=m+n+1$ のとき，$q \geqq 4$ であるとすれば，からみ $(S^q; S_1^n, S_2^m)$ が自明であるための必要十分条件は，$l(S_1, S_2)_S = 0$ となることである．

注意　$q=3$, $m=1$, $n=1$ のときには図 4.15 (3) に示されるからみが自明でないので定理 4.15 [3] は成立しない．

問 4.22　(i)　$q \leqq 3$ のとき，定理 4.15 [q] が成立しないのは，$q=3$, $m=1$, $n=1$ の場合だけであることを示せ．

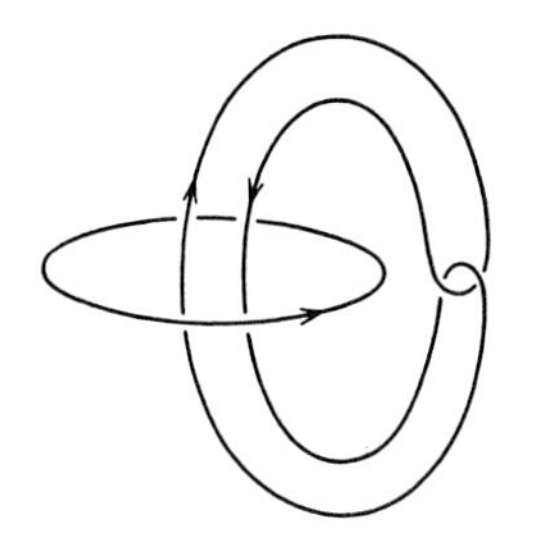

図 4.15 (3) からみ数が0でもからんでいる

(ii) かってな q に対し，$m=0$ の場合に定理 4.15 $[q]$ が成立することを示せ．

［ヒント］ (i) Jordan の曲線定理あるいは Alexander の双対定理による．

(ii) (S^q, S_2^{q-1}) は自明であることから，q 球体 B_1^q および B_2^q が S^q にとれて，$B_1^q \cup B_2^q = S^q$，$B_1^q \cap B_2^q = S_2^{q-1}$ となる．S_1^0 は2点からなるが，$l(S_1, S_2)=0$ より $S_1^0 \subset \mathring{B}_1$ あるいは $S_1^0 \subset \mathring{B}_2$ のいずれかが成立することをみればよい．

定理 4.16 $[q]$ (Whitney の補題；交叉の相殺定理) 多様体 M^q の中に互いに横断的に交わる部分多様体 M^m, M^n, $q=m+n$, があるとし，M^m, M^n は $[M^m]$, $[M^n]$ により向きづけられているとする．また，M^m, M^n は連結であるとする．さらに，つぎの条件 (1), (2) のいずれかを仮定する．

(1) $m \geqq 3$, $n \geqq 3$ かつ M^q は単連結，あるいは，

(2) $m=2$, $n \geqq 3$ かつ $M^q - M^n$ は単連結，である．

$p_1, p_2 \in M^m \cap M^n$ とし，p_1 と p_2 を M^m 上結ぶ道 α の正則近傍 B_α の向き $[B_\alpha]$ に関して，

$$\varepsilon([B_\alpha]_{p_1}) = -\varepsilon([B_\alpha]_{p_2})$$

であるとすれば，$(M^m \cap M^n - \{p_1, p_2\}) \cup \partial M^q$ の近傍を動かさない M^q の全同位により，M^m を M'^m にうつし

$$M'^m \cap M^n = M^m \cap M^n - \{p_1, p_2\}$$

とすることができる．——

直ちにつぎの系が得られる．

系 定理 4.16 の条件下で，M^q の ∂M^q を動かさない全同位により，M^m を M'^m にうつし，M'^m は M^n と横断的に交わり，その交点の個数が $I(M^m, M^n)_{M^q}$ となるようにすることができる．——

定理 4.15 (からみの解消定理) **と定理 4.16** (Whitney の補題) **の証明** 定理 4.

15 [4], および定理 4.15 [$q-1$] $\Longrightarrow$ 定理 4.16 [q] $\Longrightarrow$ 定理 4.15 [q] の順に示す.

(i) からみの解消定理 [$q=4$] の証明.

$m=0$ のときには問 4.22 による. $m\leqq n$ としてよいから, $m=1$, $n=2$ の場合を示せば十分である. $(S^4, S_2{}^2)=(\partial J^5, \partial J^3)$ と同一視すれば, $S^4-S_2{}^2$ は ∂J^2 と同じホモトピー型をもち,

$$\pi_1(S-S_2, *)\cong H_1(S-S_2)=\boldsymbol{Z}$$

が成立する. $l(S_1, S_2)=0$ より, $[S_1]$ は $H_1(S-S_2)$ で自明であるから, $\pi_1(S-S_2)$ でも自明である. よって, 一般の位置により, PL 写像 $f: B^2\to S-S_2$ が存在し, f は円板 B^2 の境界 ∂B^2 を S_1 へ同型にうつし, $S(f)$ は $\mathring{B}^2$ に含まれ, $f(S(f))$ は自己横断的交点 $p_1, \cdots, p_r$ からなるとしてよい. よって, $S(f)=\{x_i, y_i \mid i=1, \cdots, r\}$, ただし $f(x_i)=f(y_i)=p_i$, $i=1, \cdots, r$, となる. ∂B^2 上に 1 点 x_0 をとると, $B^2-\{y_1, \cdots, y_r\}$ は連結だから, x_0 から出発し, $x_1, \cdots, x_{r-1}$ を通り x_r にいたる道 $\alpha\subset B^2-\{y_1, \cdots, y_r\}$ が定まる. ∂B^2 のカラーを使用して, $\partial B^2\cap\alpha=\{x_0\}$ と仮定できる. α の $B^2-\{y_1, \cdots, y_r\}$ での導近傍を D とする.

$$D_1=D\cap\partial B^2,\qquad D_2=\partial D-\mathring{D}_1,\qquad S_1'=(\partial B^2-\mathring{D}_1)\cup D_2$$

とおく. D_1, D_2 は 1 球体であり, $f(S_1')$ は $S-S_2$ で局所平坦である. したがって $f(S_1')$ は球体的運動 $(f(D);f(D_1), f(D_2))$ によりコンパクトな台をもつ $S-S_2$ の全同位で S_1 に重ねることができる. S_1' は円板 $f(cl(B^2-D))$ の境界であるから, $(S;S_1', S_2)$ は自明である. よって, $(S;S_1, S_2)$ も自明である. ▌

問 4.23 この証明で使用された方法により, コンパクトな p 次元多面体 P から q 次元多様体 W の内部 $\mathring{W}$ への二つの埋蔵

$$f, g: P\longrightarrow W$$

がホモトープであれば, $q\geqq 2p+2$ のとき全同位であることを示せ. ——

(ii) からみの解消定理 [$q-1$] ($q\geqq 5$) $\Longrightarrow$ Whitney の補題 [q].

$$\{p_1, p_2\}\subset M^m\cap M^n=\mathring{M}^m\cap\mathring{M}^n$$

で, $\mathring{M}^n$ も連結であるから, p_1 と p_2 を結ぶ道 β を $\mathring{M}^n$ にとることができる. さらに, $\alpha\cup\beta$ は $M^m\cap M^n-\{p_1, p_2\}$ と交わらぬとしてよい.

[主張] $\mathring{M}^q$ に円板 D が存在し, $D\cap(M\cup N)=\partial D=\alpha\cup\beta$ となる.

[主張の証明] M^q の単連結性により, 写像 $f: D^2\to\mathring{M}^q$ が存在して, $f(\partial D^2)=\alpha\cup\beta$ となる. $q-n=m\geqq 3$, $q-m=n\geqq 3$ であれば, 一般の位置により, $f(D^2)$

が求める円板であるようにとれる．$m=2$ のときには，この議論は通用しない．そのために β を M^q-M^n にもちあげてから，M^q-M^n の単連結性を使用して，求める円板を得る．そのために，p_1 での M^m と M^n の直交化 (h, U^q)

$$h:(U^q;U^m,U^n)\longrightarrow(J^q;J^m,J^n)$$

をとる．自明な球体対 (U^q, U^n) に注目し，M^n における縮約 $\beta\searrow p_2$ にそってこれをひっぱる．(M^q, M^n) の全同位により $(U^q;U^n,U^m)$ をとりなおして，$\mathring{U}^n\supset\beta$，そして，$h^{-1}(0^m\times(-1/2)\times 0^{n-1})=p_2$ であるとしてよい．さらに，p_2 での直交化と $h|h^{-1}(J^m\times[-1,-1/3]\times J^{n-1})$ に対し，定理 4.13 を適用して，

$$h^{-1}\left(J^m\times\left[-1,-\frac{1}{3}\right]\times J^{n-1}\right)\cap M^m=h^{-1}\left(J^m\times\left(-\frac{1}{2}\right)\times 0^{n-1}\right)$$

であるとしてよい．さらに，

$$\beta=h^{-1}\left(0^m\times\left[-\frac{1}{2},0\right]\times 0^{n-1}\right),\qquad U^q\cap\alpha=\alpha_0\cup\alpha_1,$$

ただし $\alpha_0=h^{-1}([0,1]\times 0^{q-1})$，$\alpha_1=h^{-1}([0,1]\times 0^{m-1}\times(-1/2)\times 0^{n-1})$，となるとしてよい．(図 4.16)

$$D_1{}^2=h^{-1}\left([0,1]\times 0^{m-1}\times\left[-\frac{1}{2},0\right]\times 0^{n-1}\right),$$
$$\alpha'=\alpha-\mathring{\alpha}_0-\mathring{\alpha}_1,\qquad \beta'=\partial D_1{}^2-\mathring{\beta}-\mathring{\alpha}_0-\mathring{\alpha}_1$$

とおく．いまでは，$\alpha'\cup\beta'$ は M^q-M^n の中の単一閉折れ線 (1 球面) である．M^q-M^n の単一連結性および M^m の余次元 $q-m=n\geqq 3$ であるから，一般の位

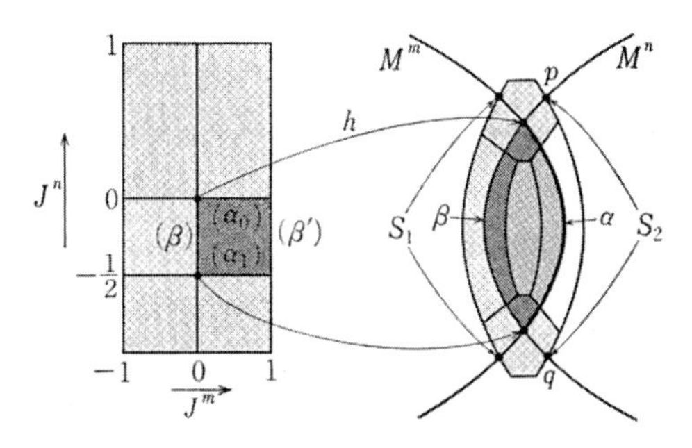

図 4.16

置の議論により，M^q-M^n の中に円板 $D_2{}^2$ をとり，$D_2{}^2\cap(M^m\cup M^n)=\alpha'$，$D_2{}^2\cap D_1{}^2=\beta'$ とすることができる．$D=D_1\cup D_2$ が求める円板である．(主張の証明を終る.)

ここで，D の $(M^q;M^m,M^n)$ における導近傍 $(B;B_1,B_2)$ をとれば，§4.3, c) の命題4.3 より，$(B;B_i)$，$i=1,2$，は自明な球体対で，したがって，$\partial(B;B_1,B_2)=(S^{q-1};S_1{}^{m-1},S_2{}^{n-1})$ はからみである．$B_1\cap B_2=\{p_1,p_2\}$ であり，$\varepsilon([B_\alpha]_{p_1})=-\varepsilon([B_\alpha]_{p_2})$ であるから，$I(B_1,B_2)_B=0$ となる．§4.4, b) の補題4.5 より，$l(S_1,S_2)_S=0$ を得る．よって，定理4.15 $[q-1]$ により，$(S;S_1,S_2)$ は自明である．とくに，S の B におけるカラー近傍の中に m 球体 B_1' をとり，$\partial B_1'=S_1$，$B_1'\cap B_2=\phi$ かつ (B,B_1') を自明な球体対とすることができる．$\partial(B,B_1')=\partial(B,B_1)=(S,S_1)$ であるから，§4.3, a) の問4.14 により，∂B を動かさない B の全同位により B_1 を B_1' に重ねることができる．$M'^m=(M^m-\mathring{B}_1)\cup B_1'$ とおけば，M^m は B に台をもつ M^q の全同位により M'^m に重ねられる．M'^m が求める性質をもつことは構成から明らかである．▌

(iii)　Whitney の補題 $[q]\Longrightarrow$ からみの解消定理 $[q](q\geqq5)$.

$m\leqq n$ とする．$m=1$ のときには，$q=4$ のときと同様に $S_1\subset S-S_2$ は1点に縮む．$q\geqq5$ であるから，この場合には一般の位置により円板 $D\subset S-S_2$ で $\partial D=S_1$ となるものが求まる．$m\geqq2$ とすれば，(S,S_1) は自明であるから，S の中に $m+1$ 球体 B_1 をとり，$\partial B_1=S_1$ とすることができる．$B_1\cap S_2$ は横断的交点からなるとしてよい．補題4.5 より，

$$I(B_1,S_2)_S=l(S_1,S_2)_S=0$$

を得る．

$m+1\geqq3$，$n=q-m-1\geqq m\geqq2$，$\pi_1(S-B_1,*)\cong\pi_1(S)=\{1\}$ であるから，定理4.16 $[q]$ の系より，B_1 と S_2 の交点の個数は $I(B_1,S_2)_S=0$ としてよい．すなわち，B_1 は S_2 と交わらぬようにとれる．よって，$(S;S_1,S_2)$ は自明である．▌

d) 非単連結 Whitney の補題

M^q の単連結性，あるいは M^q-M^n の単連結性を仮定して交叉の相殺を行なったが，その場合，証明で本質的な部分は，円周 $\alpha\cup\beta$ あるいは $\alpha'\cup\beta'$ が M^q あるいは M^q-M^n でホモトープ0となるようにとれるということであった．この点に注目して道つきの交叉数を定義する．M^m,M^n は単連結で，$[M^m],[M^n]$

により向きづけられているとする. z, x, y を M^q, M^m, M^n の内部の基点とし, w_1, w_2 を z から x, y への M^q における道とする. M^q の点 z での向き $[M^q]_z$ を指定する. M^m と M^n の横断的交点 p に対し, u_1, u_2 を x, y から p へのそれぞれ M^m, M^n における道とする. このとき, z から出発して, x, p, y を順に通り z に戻る閉曲線 $w_1 \cdot u_1 \cdot u_2^{-1} \cdot w_2^{-1}$ のホモトピー類を $g \in \pi_1(M^q, z)$ とする. §3.1, b) の定理3.4の証明のように, 道 $w_1 \cdot u_1$ に従って, M^q のコンパクトな台をもつ全同位 $h: M^q \to M^q$ をとり, $h(z)=p$ とすることができる. したがって $h_*[M^q]_z \in H_q(M^q, M^q - p)$ が得られる.

問 4.24 $h_*[M^q]_z$ は, w_1 の両端 $\{z, x\}$ を固定するホモトピー類 $[w_1]$ にのみ依存することを示せ. ——

$h_*[M^q]_z$ を $[M^q]_z$ を $w_1 \cdot u_1$ にそってすべらせて得られる M^q の p での向きといい, $(w_1)_*[M^q]_z$ と表わす. $[M^m]$ と $[M^n]$ の点 p での $(w_1)_*[M^q]_z$ に関する交叉の符号を $\varepsilon((w_1)_*[M^q]_z)$ とするとき, $[M^m]_{w_1}$ と $[M^n]_{w_2}$ の点 p での交叉の符号を

$$\varepsilon_p([M^m]_{w_1}, [M^n]_{w_2})_{M^q} = \varepsilon_p((w_1)_*[M^q]_z) \cdot g$$

と定義する. $\pi = \pi_1(M^q, z)$ とおけば, これは π の群環 $\boldsymbol{Z}[\pi]$ の元とみなされる.
一般に, M^m と M^n が有限個の横断的交点 $\{p_1, \cdots, p_r\}$ でのみ交わるとき,

$$I([M^m]_{w_1}, [M^n]_{w_2})_{M^q} = \sum_{i=1}^{r} \varepsilon_{p_i}((w_1)_*[M^q]_z) \cdot g_{p_i} \in \boldsymbol{Z}[\pi]$$

と定義する.

問 4.25 w_2 を w_2' でとりなおし, $w_2' \cdot w_2^{-1}$ のホモトピー類を $g \in \pi$ とすれば,

$$I([M^m]_{w_1}, [M^n]_{w_2'})_{M^q} = I([M^m]_{w_1}, [M^n]_{w_2})_{M^q} \cdot g$$

となる.

定理 4.16 (非単連結 Whitney の補題) 上の状況のもとに, $\{p, q\} \subset M^m \cap M^n$ に対し,

$$\varepsilon_p([M^m]_{w_1}, [M^n]_{w_2})_{M^q} = -\varepsilon_q([M^m]_{w_1}, [M^n]_{w_2})_{M^q}.$$

(1) $m \geqq 3$, $n \geqq 3$, あるいは,

(2) $m = 2$, $n \geqq 3$ かつ $\pi_1(M^q - M^n, z) \cong \pi_1(M^q, z)$

とすれば, 定理4.15と同じ結論を得る. ——

証明 実際,

$$\varepsilon_p((w_1)_*[M^q]_z)\cdot g_p+\varepsilon_q((w_1)_*[M^q]_z)\cdot g_q=0$$

が $\boldsymbol{Z}[\pi]$ の元として成立する．よって，$g_p=g_q$ であることから，

$$\begin{aligned} g_p\cdot g_q^{-1} &= [(w_1\cdot u_1\cdot u_2^{-1}\cdot w_2^{-1})\cdot w_2\cdot u_2'\cdot u_1'^{-1}\cdot w_1^{-1}] \\ &= [w_1\cdot u_1\cdot u_2^{-1}\cdot u_2'\cdot u_1'^{-1}\cdot w_1^{-1}]=1 \end{aligned}$$

となる．ここで，α を $u_1^{-1}\cdot u_1'$ とホモトープにとり，β を $u_2'\cdot u_2^{-1}$ とホモトープにとれば，$m\geqq 3$ のときには $\alpha\cup\beta$ はホモトープ 0 であるから，主張で求められる円板が張れる．また，$m=2$ のときも，$\pi_1(M^q-M^n,z)\cong\pi_1(M^q,z)$ により求める円板を得る．さらに，

$$\varepsilon_p((w_1)_*[M^q]_z)=-\varepsilon_q((w_1)_*[M^q]_z)$$

より，交叉をはずすためのからみが自明であることが示される．▌

第5章　ハンドル体の理論

ハンドル体の理論はすでに曲面の分類理論に萌芽がみられる．20世紀初頭には3次元閉多様体のHeegaard分解が考察されるようになり，その分解から多様体のトポロジーを知るために一般に非可換な基本群とかかわることになり，その困難さが認識されるようになった．(今日でも依然として克服されていない.) その後，J. H. C. Whiteheadは正則近傍の理論により，本質的にはハンドル体を縮約と拡大の方法で変形し，そのホモトピー型との差異に注目し，単純ホモトピー型という概念に到達する．S. Smaleは高次元Poincaré予想を解くために，微分トポロジーの方法ではあるが，多様体のハンドル分解そのものに注目し，ホモロジーと幾何学との差異を交叉の理論に焦点をあわせWhitneyの補題を使用することによりその差が或る程度解消できることに気づき，単連結h同境定理を得たのであった．そのために，次元が高次元であるということが本質的な利点となる．一方，B. Mazurは再びWhiteheadの研究に戻り，非単連結な場合にも，単純ホモトピー型と関連づけて，s同境定理を得る．ここでは，その組合せ位相幾何学の観点からの証明を与える．

単連結h同境定理やs同境定理を総称してh同境定理というのであるが，この現代位相幾何学の基本定理がPoincaréの予想を核として育てられてきたということは予想自体の深さを端的にあらわしている．そして，注目すべきことに本来の3次元Poincaréの予想は未だに解かれていないのである．

§5.1　単連結h同境定理

a) ハンドル体

§2.3では多面体の錐ハンドル分解を考察したが，ここで考察する多様体のハンドル分解については，一般の位置の議論等が適用され，豊かなトポロジーが展開する．

Wをn次元多様体とし，VをWのn次元の部分多様体，HをWの中のn

次元球体とし，U を ∂V の $n-1$ 次元多様体とする．W が V から U に **m ハンドル H を貼りつけて得られる**とは，

$$W=V\cup H,\qquad V\cap H=\partial V\cap\partial H\subset \mathring{U}$$

であり，同型 $h: J^m\times J^{n-m}\to H$ が存在して，

$$\partial V\cap\partial H=h(\partial J^m\times J^{n-m})$$

となるときをいう．このとき，m ハンドル H を $H^{(m)}=(h^m)$，W を

$$W=(V,U)+(h^m)$$

と表わす．$m=0$ のときには，$\partial J^0=\phi$ より，$V\cap H=\phi$ であるとし，$V=\phi$ のときには，$m=0$ で，$W=H$ とみなされる．m ハンドル (h) に対して，つぎの記法と名称を与える．

$h(J^m\times 0)=L(h)$　(左球体)，　$h(0\times J^{n-m})=R(h)$　(右球体)，

$h(\partial J^m\times 0)=\partial L(h)$　(左球面)，　$h(0\times\partial J^{n-m})=\partial R(h)$　(右球面)，

$h(\partial J^m\times J^{n-m})=l(h)$　(左境界)，　$h(J^m\times\partial J^{n-m})=r(h)$　(右境界)．

また，$U_h=(U-l(h))\cup r(h)$ とおき，$h=h|\partial J^m\times J^{n-m}: \partial J^m\times J^{n-m}\to U$ をハンドル (h) の**特性埋蔵**という．

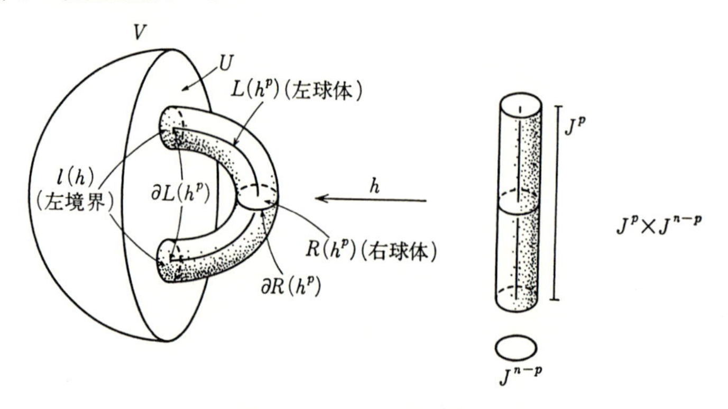

図 5.1　p ハンドル (h^p)

W が (V,U) から得られるハンドル体であるとは，W_i，$i=0,\cdots,r$，が W の中に存在し，$W_0=V$，$W_r=W$ で，$i=1,\cdots,r$ に対して，ハンドル (h_i) が存在して，$U_{i-1}=U_{h_{i-1}}$ のとき

$$W_i=(W_{i-1},U_{i-1})+(h_i)$$

となるときをいう．このとき，順序のついた和により，

$$W=(V, U)+(h_1)+\cdots+(h_r)$$

と表わす．$l(h_i)\cap l(h_j)\neq\phi$, $i\neq j$, のとき，(h_i), $i=1,\cdots,r$, は**独立なハンドル**とよばれ，和の順序は無視することができる．もう一つのハンドル体 $W'=(V', U')+(h_1')+\cdots+(h_r')$ がハンドル体 W に**同型**であるとは，PL 同相

$$f\colon W \longrightarrow W'$$

が存在して，$f(V, U)=(V', U')$, $f((h_i))=(h_i')$, $i=1,\cdots,r$, となるときをいう．

ハンドル体 W に対し，PL 同相

$$g\colon (V, U)\longrightarrow (V'', U'')$$

が与えられると，$(h_1^{m_1})$ の特性埋蔵 $g\circ h_1|\partial J^{m_1}\times J^{n-m_1}$ により $J^{m_1}\times J^{n-m_1}$ を U' に貼りつけて，ハンドル体 $W_1''=(V'', U'')+g_*(h_1)$ が得られ，g は同型

$$g_1\colon W_1=(V, U)+(h_1)\longrightarrow W_1''=(V'', U'')+g_*(h_1)$$

に拡張される．同様にして，

$$W''=(V'', U'')+g_{0*}(h_1)+\cdots+(g_{r-1})_*(h_r)$$

および同型

$$g_r=f\colon W\longrightarrow W''$$

が得られる．W'' は g によりハンドル体 W から誘導された (V'', U'') 上のハンドル体といわれる．

問 5.1 実際に，W'' を $\boldsymbol{R}^N$, $N\geqq 2n+1$, の中での PL 多様体として構成せよ．

補題 5.1 $W=(V, U)+(h^m)$, $W'=(V, U)+(h'^m)$

に対し，特性埋蔵 $h|\partial J^m\times J^{n-m}$, $h'|\partial J^m\times J^{n-m}$ が $\mathring{U}$ 上全同位であれば，U の V における近傍 N に対して，$V-N$ を動かさない同型 $W\cong W'$ が存在する．このとき，$\mathring{U}$ の全同位により (h) を (h') に重ねるという．

証明 求める同型をまず (h) から (h') へは $h'\circ h^{-1}$ により定義する．これによってひき起こされる PL 同相

$$h'\circ h^{-1}|l(h)\colon l(h)(\subset\mathring{U})\longrightarrow l(h')\subset\mathring{U}$$

は U の V でのカラー近傍にそって全同位を使用して拡張される．実際，N の中に U のカラー近傍 $(U\times[0,1])$ をとることができる，ただし $U\times 0=U$.

h', h に対する仮定から，全同位

$$F\colon U\times[0,1]\longrightarrow U\times[0,1]$$

が存在して，

$$F_0 \circ h = h' \quad \text{すなわち} \quad F_0 | l(h) = h' \circ h^{-1} | l(h), \quad F_1 = id$$

となる．$(U \times [0,1])$ 上，$h' \circ h^{-1} | l(h)$ は F により拡大され，$V-(U \times [0,1])$ 上ではこれは id として拡大される．▌

注意　$W=(V, U)+(h_1)+\cdots+(h_r)$ において，$\mathring{U}$ 上の全同位で (h_1) を (h_1') に重ねたとき，他のハンドルは同型

$$W_1=(V, U)+(h_1) \longrightarrow W_1'=(V, U)+(h_1')$$

によりひきおこされた (V, U) 上のハンドル分解

$$W'=(V, U)+(h_1')+\cdots+(h_r')$$

に同型となる．

補題 5.2（ハンドルの順序交換）　ハンドル体

$$W^n=(V, U)+(h^p)+(h^q)$$

において，$q \leqq p$ が成立すれば，$\mathring{U}_{h^p}$ の全同位により (h^q) を動かして，$\mathring{U}-\mathring{l}(h^p)$ に貼りつけられたハンドル (h'^q) に重ねられる．すなわち，W は $W'=(V, U)+(h'^q)+(h^p)$ に同型である．(図 5.2)

証明　$U'=U_{h^p}$ とおくと，$\dim U'=n-1$, $\dim \partial R(h^p)=n-p-1$, $\dim \partial L(h^q)=q-1$ であるから，一般の位置により $\mathring{U}'$ の全同位で (h^q) を $(h_1{}^q)$ にうつし，$\partial R(h^p) \cap \partial L(h_1{}^q)=\phi$ とすることができる．したがって，十分小さな $\varepsilon>0$ に対して

$$h^p(\varepsilon J^p \times \partial J^{n-p}) \cap h_1{}^q(\partial J^q \times \varepsilon J^{n-q})=\phi$$

であるとしてよい．正則近傍の一意性から，$\mathring{U}'$ 上の全同位で，$h^p(\varepsilon J^p \times \partial J^{n-p})$ を $r(h^p)$ にひろげ，その後，$h^q(\partial J^q \times \varepsilon J^{n-q})$ の像に $r(h^q)$ の像を縮められる．こうして，$(h_1{}^q)$ を動かし (h'^q) を得たとすれば，これが求めるものである．▌

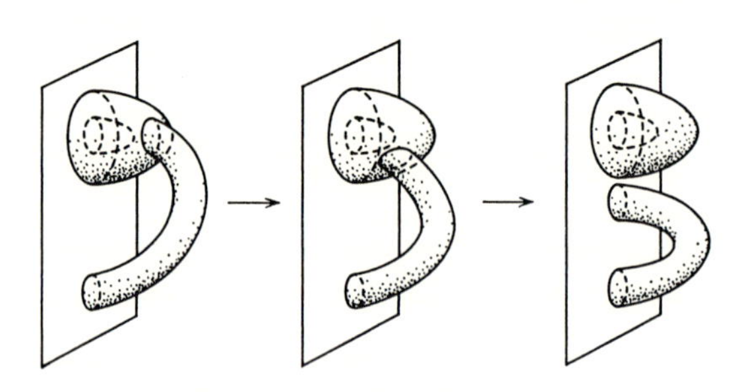

図 5.2　ハンドルの順序交換

問 5.2 ハンドル体 $W=(V,U)+(h^p)$ において, $0<\varepsilon<1$ に対し, $\varphi:\varepsilon J^p\to J^p$ を $\varphi(x)=(1/\varepsilon)\cdot x$, $x\in\varepsilon J^p$, と定めれば, 同位 $\varphi_t(x)=(t+(1/\varepsilon)\cdot(1-t))\cdot x$ は, $\mathring{U}_{h^p}$ 上の全同位 Φ_t で,

$$\Phi_t(h^p(x,y))=h^p(\varphi_t(x),y),\qquad (x,y)\in J^p\times\partial J^{n-p}$$

となるものに拡大される.

[ヒント] $\partial l(h^p)$ の $\mathring{U}-\mathring{l}(h^p)$ におけるカラー近傍を $l(h^p)$ につけ加えて考えよ. ——

ハンドル体 $W=(V,U)+(h^p)+(h^{p+1})$ が $\partial L(h^{p+1})$ と $\partial R(h^p)$ の交点 q で**正規化されている**とは, $x\in\partial J^{p+1}$, $y\in\partial J^{n-p}$ を $h^{p+1}(x,0)=h^p(0,y)=q$ である点とすれば, x, y の $\partial J^{p+1}, \partial J^{n-p}$ の中での球体近傍 E, F が存在して,

$$r(h^p)\cap l(h^{p+1})=h^{p+1}(E\times J^{n-p-1})=h^p(J^p\times F)$$

であり, さらに, 同型 $\varphi:(J^p,0)\to(E,x)$, $\psi:(J^{n-p-1},0)\to(F,y)$ に対し,

$$(h^{p+1})^{-1}\circ h^p(x,y)=(\varphi(x),\psi(y))$$

となるときをいう. このとき, 点 q は $\partial L(h^{p+1})$ と $\partial R(h^p)$ の U_{h^p} での横断的交点で, $h^{p+1}|B_1\times J^{n-p-1}$, $h^p|J^p\times B_2$ は共に直交化である.

$\partial L(h^{p+1})$ と $\partial R(h^p)$ の各交点で正規化されているとき, ハンドル (h^{p+1}) は正規化されているという.

補題 5.3 ハンドル体 $W=(V,U)+(h^p)+(h^{p+1})$ において, ハンドル (h^{p+1}) は正規化される. すなわち, $U'=U_{h^p}$ とおくと, $\mathring{U}'$ の全同位により (h^{p+1}) を (h'^{p+1}) にうつし, (h'^{p+1}) は正規化されていて,

$$W\cong W'=(V,U)+(h^p)+(h'^{p+1})$$

とすることができる. とくに, $\partial L(h^{p+1})$ と $\partial R(h^p)$ が横断的に交わるとすれば,

$$\partial L(h'^{p+1})\cap\partial R(h^p)=\partial L(h^{p+1})\cap\partial R(h^p)$$

とすることができる.

証明 まず, $\mathring{U}'$ 上の全同位のもとに, $\partial L(h^{p+1})$ と $\partial R(h^p)$ は横断的に交わるとしてよい. 各横断的交点 q_i で, $x_i\in\partial J^{p+1}$, $y_i\in\partial J^{n-p}$ に対して, $h^{p+1}(x_i,0)=h^p(0,y_i)=q_i$ とする. x_i, y_i の ∂J^{p+1}, ∂J^{n-p} での十分小さい球体近傍 $E_i{}^p$, $F_i{}^{n-p-1}$ をとれば,

$$(h^{p+1}(E_i\times J^{n-p-1})\cup h^p(J^p\times F_i))\cap(h^{p+1}(E_j\times J^{n-p-1})\cup h^p(J^p\times F_j))$$
$$=\phi,\qquad i\neq j$$

と仮定することができる.

$$f_i = h^{p+1} \mid E_i \times J^{n-p-1}, \qquad g_i = h^p \mid J^p \times F_i$$

とおくと, f_i, g_i は $\partial L(h^{p+1})$, $\partial R(h^p)$ の $\mathring{U}'$ での点 q_i における局所自明化である. f_i に対して§4.3の定理4.13の系を使用して, $(\mathring{U}', \partial L(h^{p+1}), \{q_i\})$ の全同位のもとで, f_i は点 q での $\partial L(h^{p+1})$ と $\partial R(h^p)$ の交叉の直交化であるとしてよい. すなわち, $f_i(E_i \times 0) \subset \partial R(h^p)$ であるとしてよい. よって, f_i, g_i はともに $\partial R(h^p)$ の $\mathring{U}'$ での点 q における局所自明化であるから, 再び定理4.13の系により, $(\mathring{U}', \partial R(h^p), \{q_i\})$ の全同位のもとに,

$$f_i(E_i \times (J^{n-p-1}, 0)) = g_i(J^p \times (F_i, y_i)),$$
$$f_i(x_i \times J^{n-p-1}) = g_i(0 \times F_i)$$

を満たし, 各点 $(x, y) \in J^p \times F_i$ に対し, $f_i^{-1} \circ g_i(x, y_i) = (\varphi_i(x), 0)$, $f_i^{-1} \circ g_i(0, y) = (x_i, \psi_i(y))$ のとき

$$f_i^{-1} \circ g_i(x, y) = (\varphi_i(x), \psi_i(y))$$

を満たすとしてよい. $\partial L(h^{p+1})$ と $\partial R(h^p)$ は有限個の点 $\{q_i\}$ で横断的に交わるので, $\varepsilon > 0$ を十分小さくとれば, $\varphi_i(\varepsilon J^p) = E_i'$ とおくと,

$$l(h^{p+1}) \cap h^p(\varepsilon J^p \times \partial J^{n-p}) = \bigcup_i h^{p+1}(E_i' \times J^{n-p-1}) = \bigcup_i h^p(\varepsilon J^p \times F_i)$$

であるとしてよい.

εJ^p を J^p にひきのばす問5.2で与えられる $\mathring{U}'$ の全同位を Φ とし, 同様にして得られる y_i の ∂J^{n-p} での正則近傍 $F_i' = \psi_i(\varepsilon J^{n-p-1})$ を, F_i に重ねる全同位 ψ_i' の拡張である $\mathring{U}'$ の全同位を Ψ とする. 全同位 $\Psi^{-1} \circ \Phi$ で (h^{p+1}) を動かし, (h'^{p+1}) とすれば, これが求めるものである. 実際,

$$\varphi_i'(x) = \varphi_i(\varepsilon x), \qquad x \in J^p$$

とおくと, $(x, y) \in J^p \times F_i'$ に対して,

$$\begin{aligned}
(h'^{p+1})^{-1} \circ h^p(x, y) &= (\Psi^{-1} \circ \Phi \circ h^{p+1})^{-1} \circ h^{p+1}(\varphi_i(x), \psi_i(x)) \\
&= (h^{p+1})^{-1} \circ \Phi^{-1} \circ h^{p+1}(\varphi_i(x), \psi_i'(x)) \\
&= (h^{p+1})^{-1} \circ \Phi^{-1} \circ h^p(x, \psi_i^{-1}(\psi_i'(x))) \\
&= (h^{p+1})^{-1} \circ h^p(\varepsilon x, \psi_i^{-1}(\psi_i'(x))) \\
&= (\varphi_i'(x), \psi_i'(y))
\end{aligned}$$

が成立する. また, $(\Psi^{-1} \circ \Phi)^{-1}(r(h^p)) = h^p(\varepsilon J^p \times \partial J^{n-p})$ であるから,

$$
\begin{aligned}
r(h^p)\cap l(h'^{p+1}) &= \Psi^{-1}\circ\Phi((\Psi^{-1}\circ\Phi)^{-1}(r(h^p))\cap l(h^{p+1}))\\
&= \Psi^{-1}\circ\Phi(h^p(\varepsilon J^p\times\partial J^{n-p})\cap l(h^{p+1}))\\
&= \Psi^{-1}\circ\Phi\bigcup_i h^p(\varepsilon J^p\times F_i) = \Psi^{-1}(\bigcup_i h^p(J^p\times F_i))\\
&= \bigcup_i h^p(J^p\times F_i') = \bigcup_i h'^{p+1}(E_i'\times J^{n-p-1})
\end{aligned}
$$

も成立する．すなわち，各 q_i は正規化されている．∎

ハンドル体 $W=(V,U)+(h^p)+(h^q)$ において，(h^q) が (h^p) の**補ハンドル**であるとは，$q=p+1$，かつ $\partial R(h^p)$ と $\partial L(h^{p+1})$ が横断的にただ一つの点で交わるときをいう．$((h^{p+1}),(h^p))$ を**補ハンドルの対**という．

補題 5.4 (補ハンドルの相殺)　(1)　$W^n=(V,U)+(B^n,B^{n-1})$，すなわち，W^n が V から U にコブ (B^n,B^{n-1}) を貼りつけて得られているとする．さらに，$(p+1,p)$ 球体対 (B^{p+1},B^p) が自明な球体対 (B^n,B^p), (B^{n-1},B^{p-1}) をなすように与えられたとする．このとき，$W=(V,U)+(h^p)+(h^{p+1})$，ただし (h^{p+1}) は (h^p) の補ハンドルで，

$$h^p(J^p\times J\times 0)\cup h^{p+1}(J^{p+1}\times 0)=B^{p+1}$$

となる．すなわち，コブは自明な球体 B^p にそって補ハンドルの対に分解される．

(2)　逆に，ハンドル体 $W=(V,U)+(h^p)+(h^{p+1})$ において，(h^{p+1}) が (h^p) の補ハンドルであれば，W は V から U にコブ (B^n,B^{n-1}) を貼りつけて得られる．

証明　(1)　仮定から，同型

$$f\colon (J^p\times[-1,3]\times J^{n-p-1}, J^p\times(-1)\times J^{n-p-1})\longrightarrow(B^n,B^{n-1})$$

で，

$$f(J^p\times[-1,3]\times 0)=B^{p+1},\qquad f(J^p\times(-1)\times 0)=B^p$$

となるように存在する．

$$
\begin{aligned}
&H^p=f(J^p\times([1,3]\times J^{n-p-1})), && H^{p+1}=f(J^{p+1}\times J^{n-p-1}),\\
&h^{p+1}=f\,|\,J^{p+1}\times J^{n-p-1}, && h^p(x,y,z)=f(x,y+2,z),\\
&(x,y,z)\in J^p\times J\times J^{n-p-1}
\end{aligned}
$$

とおけば，ここから求めるものがでる．

(2)　逆に，(h^{p+1}) が (h^p) の補ハンドルとし，$\partial R(h^p)\cap\partial L(h^{p+1})=q$ とする．(h^{p+1}) は正規化されているとしてよい．すなわち，$x\in\partial J^{p+1}$, $y\in\partial J^{n-p}$ に対し，$h^{p+1}(x,0)=h^p(0,y)=q$ とすれば，x,y の ∂J^{p+1}, ∂J^{n-p} での球体近傍 E,F に対

して,

$$(h^p)\cap(h^{p+1}) = r(h^p)\cap l(h^{p+1}) = h^p(J^p\times F) = h^{p+1}(E\times J^{n-p-1})$$

であるとしてよい. $B^n=(h^p)\cup(h^{p+1})$ とおくと, n 球体 (h^p) と (h^{p+1}) の和で, しかも, その共通部分は境界上の $n-1$ 球体であるから, B^n は n 球体である. $B^{n-1}=B^n\cap U$ とおくと,

$$\begin{aligned} B^{n-1} &= l(h^p)\cup(l(h^{p+1})-h^{p+1}(\mathring{E}\times J^{n-p-1})) \\ &= h^p(\partial J^p\times J^{n-p})\cup h^{p+1}((\partial J^{p+1}-\mathring{E})\times J^{n-p-1}) \end{aligned}$$

および,

$$\begin{aligned} & h^p(\partial J^p\times J^{n-p})\cap h^{p+1}((\partial J^{p+1}-\mathring{E})\times J^{n-p-1}) \\ &= h^{p+1}(\partial E\times J^{n-p-1}) = h^p(\partial J^p\times F) \end{aligned}$$

が成立する. $J^{n-p}\searrow F$ により, $h^p(\partial J^p\times J^{n-p})\searrow h^p(\partial J^p\times F)$ であるから, B^{n-1} は $n-1$ 球体 $h^{p+1}((\partial J^{p+1}-\mathring{E})\times J^{n-p-1})$ に縮約する. よって, B^{n-1} も $n-1$ 球体で, (B^n, B^{n-1}) が U に貼りつけられたコブであることが示された. ▌

b) ハンドルの結合数

ハンドル体 $(V_1, U_1)=(V^n, U)+(h_1{}^p)$ に対し, 切除および変形レトラクトにより, 整係数相対ホモロジー群の間につぎの同型が存在する.

$$\begin{aligned} H_p(V_1, V) &\cong H_p((h_1), l(h_1)) \cong H_p(L(h_1), \partial L(h_1)) \\ &\cong H_p(J^p, \partial J^p) \cong \boldsymbol{Z}, \end{aligned}$$

ただし最後の同型は $h_1{}^{-1}|J^p$ の誘導する同型である.

いま, $J=[-1,1]$ の向き $[J]$ を固定し, その k 重積 J^k に対しては, Künneth の積公式により, $[J]$ の k 重積 $[J]\otimes\cdots\otimes[J]$ で定まる J^k の向き $[J^k]$ を固定する. したがって, $[J^p]$ と $[J^{n-p}]$ は $[J^n]$ の中で交叉数 1 の交わりをもつ. $L[J^p]=(h_1|J^p)_*[J^p]$, $\partial L[J^p]$ により, $L(h_1), \partial L(h_1)$ の向きを定める. $[h_1]=(h_1)_*[J^n]$ により, (h_1) の n 球体としての向きを定め, その境界を $\partial[h_1]$ で向きづける. ハンドル体 $(V_2, U_2)=(V_1, U_1)+(h_2{}^{p+1})=(V, U)+(h_1)+(h_2)$ に対し, (V_2, V_1, V) に対するホモロジー完全系列における境界準同型を

$$\begin{aligned} d\colon H_{p+1}(V_2, V_1) &\cong H_{p+1}(L(h_2), \partial L(h_2)) \\ &\longrightarrow H_p(V_1, V) \cong H_p(L(h_1), \partial L(h_1)) \end{aligned}$$

とすれば, $d\colon \boldsymbol{Z}\to\boldsymbol{Z}$ であるから,

$$d(L(h_2)) = I(h_2, h_1)\cdot L[h_1]$$

となる整数 $I(h_2, h_1)$ が定まる．これを (h_2) の (h_1) への**結合数** (incidence number) という．

$R[h_1]=(h_1 | J^{n-p})_*[J^{n-p}]$, $\partial R[h_1]$ により，$R(h_1), \partial R(h_1)$ の向きを定める．また，$\partial[h_1]$ の $r(h_1)$ への制限を $r[h_1]$ と表わす．

補題 5.5 $I(h_2, h_1)=I(\partial L[h_2], \partial R[h_1])_{r[h_1]}$ が成立する．

証明 a) の補題 5.3 によって，(h_2) は正規化されているとしてよい．よって，$\partial L(h_2) \cap \partial R(h_1)=\{q_1, \cdots, q_r\}$ とし，$y_i \in \partial J^{n-p}$ に対し，$h_1(0 \times y_i)=q_i$ であれば，$h_1(J^p \times y_i)=B_i$ とおくと，

$$\partial L(h_2) \cap r(h_1) = \bigcup_{i=1}^{r} B_i, \quad B_i \cap B_j = \phi, \quad i \neq j$$

としてよい．$\partial L[h_2]$ を各 B_i に制限した向きを $[B_i]$ とすれば，$d: H_{p+1}(V_2, V_1) \to H_p(V_1, V)$ の定義から，

$$d(L[h_2]) = \sum_{i=1}^{r} [B_i]$$

となる．各 $[B_i]$ は $H_p(V_1, V) \cong H_p((h_1), l(h_1))$ の生成元でもあるから，そのホモロジー類に対し，$[B_i]=\varepsilon_i \cdot L[h_1]$ が成立する．よって，

$$dL[h_2] = \left(\sum_{i=1}^{r} \varepsilon_i\right) \cdot L[h_1] \quad \text{すなわち} \quad I(h_2, h_1) = \sum_{i=1}^{r} \varepsilon_i$$

が成立する．一方，$L[h_1]$ と $R[h_1]$ の $[h_1]$ における交叉数は 1 であるから，

$$l(\partial L[h_1], \partial R[h_1])_{\partial[h_1]} = 1$$

が成立する．各 ∂B_i は $l(h_1)$ $(\subset \partial(h_1) - \partial R(h_1))$ において $\partial L(h_1)$ に明らかに全同位であるから，

$$l(\partial[B_i], \partial R[h_1])_{\partial[h_1]} = l(\varepsilon_i \cdot \partial L[h_1], \partial R[h_1]) = \varepsilon_i$$

が成立する．よって，

$$I(\partial L(h_2), \partial R(h_1))_{r[h_1]} = \sum_{i=1}^{r} I([B_i], \partial R[h_1])_{\partial[h_1]} = \sum_{i=1}^{r} l(\partial[B_i], \partial R[h_1])_{\partial[h_1]}$$

$$= \sum_{i=1}^{r} \varepsilon_i = I(h_2, h_1)$$

を得る．∎

補題 5.6 (ハンドルの和と差) $W^n=(V, U)+(h_1{}^p)+(h_2{}^p)$ とし，$(\dot{h}_1) \cap (h_2) = \phi$ とする．$3 \leqq p \leqq n-2$, U は連結，$U'=U_{h_1}$ は単連結であるとする．このと

き，$\mathring{U}'$ の全同位 f がつぎを満たすように存在する．

$$f(l(h_2))\cap l(h_1)=\phi \quad \text{かつ} \quad f\circ h_2|\partial J^p:\partial J^p\longrightarrow \mathring{U},\quad h_1|\partial J^p:\partial J^p\longrightarrow \mathring{U}$$

はホモトピー群 $\pi_{p-1}(\mathring{U},*)$ の中で，

$$[f\circ h_2|\partial J^p]=[h_1|\partial J^p]+[h_2|\partial J^p]$$

を満たす．また，f をとりかえれば，

$$[f\circ h_2|\partial J^p]=[h_1|\partial J^p]-[h_2|\partial J^p]$$

とすることもできる．

証明　$\partial r(h_1)$ の $U-\mathring{l}(h_1)-\mathring{l}(h_2)$ におけるカラーにそって，$h_1|\partial J^p\times\partial J^{n-p}$ を拡張する埋蔵

$$c:\partial J^p\times\partial J^{n-p}\times[0,1]\longrightarrow U-\mathring{l}(h_1)-\mathring{l}(h_2)$$

が得られる．$S_1=c(\partial J^p\times x\times 1)$, $x\in\partial J^{n-p}$, とおくと，S_1 は局所平坦で，U' の中の p 球体 $B_1=h_1(J^p\times x)\cup c(\partial J^p\times x\times[0,1])$ の境界である．ここで，S_1 および $\partial L(h_2)=S_2$ のそれぞれから $p-1$ 球体の内部をくりぬき，その境界同士をつなぐ管 $\gamma=([0,1]\times S^{p-2})$ (**連結管**)をつぎのように構成する；$c(\partial J^p\times\partial J^{n-p}\times 1)$ の $\mathring{U}-(l(h_1)\cup c(\partial J^p\times\partial J^{n-p}\times[0,1))$ におけるカラーを使用して，点 $q_1=c(u\times x\times 1)$, $u\in\partial J^p$, での $(\mathring{U},S_1)$ の局所自明化 $g_1:(J^{n-1},J^{p-1},0)\rightarrow(\mathring{U},S_1,q_1)$ を $g_1(J^{n-2}\times[-1,0])\subset c(\partial J^p\times\partial J^{n-p}\times[0,1])$, $g_1(J^{n-2}\times 0)\subset c(\partial J^p\times\partial J^{n-p}\times 1)$ となるようにとれる．

$$E=l(h_1)\cup c(\partial J^p\times\partial J^{n-p}\times[0,1])\cup g_1(J^{n-2}\times[0,1])$$

は $\partial J^p\times J^{n-p}$ と同型であるから，$n-p\geqq 2$ より一般の位置の議論から，$\mathring{U}-\mathring{E}$ は連結である．さらに，$E\cap l(h_2)=\phi$ で，$\mathring{U}-\mathring{E}-\mathring{l}(h_2)$ も連結であるとしてよいから，この中に $q_1'=g_1(0^{n-1}\times 1)$ と $q_2'=h_2(0^{p-1}\times 1\times 0^{n-p-1}\times(-1))$ を結ぶ固有な1球体(単一折れ線) α が存在して，$\partial\alpha=q_1'\cup q_2'$ となる．α の $\mathring{U}-\mathring{E}-\mathring{l}(h_2)$ での導近傍を γ とすると，正則近傍の一意性から，

$$\gamma'\cap E=g_1(J^{n-2}\times 1),\qquad \gamma'\cap l(h_2)=h_2(J^{p-1}\times 1\times J^{n-p-1}\times(-1))$$

であるとしてよい．さらに，(γ',α) は $(n-1,1)$ 球体対であり，自明な球体対となるから，$(\alpha\times J^{n-2},\alpha)$ と同一視され，これにより，$\gamma'\cap E$, $\gamma'\cap l(h_2)$ がそれぞれ $q_1'\times J^{n-2}$, $q_2'\times J^{n-2}$ に対応するとしてよい．よって，$J^{n-2}\times[-1,1/3]$ を動かさずに g_1 をとりなおして，

$$g_1(J^{n-2}\times[0,1])\cap l(h_2)=g_1(J^{n-2}\times 1)=h_2(J^{p-1}\times 1\times J^{n-p-1}\times(-1))$$

であるとしてよい．ここで，§4.3の定理4.13の系によって，

$$g_1(J^{p-1}\times 0^{n-p-1}\times 1)=h_2(J^{p-1}\times 1\times 0^{n-p-1}\times(-1))$$

としてよい．また

$$B=g_1(J^{p-1}\times 0^{n-p-1}\times[0,1])\cup h_2(J^{p-1}\times 1\times 0^{n-p-1}\times[-1,0])$$

とおくと，同型

$$g:(B;B\cap S_1,B\cap S_2)\longrightarrow(J^{p-1}\times[0,1];J^{p-1}\times 0,J^{p-1}\times 1)$$

が存在する．$\gamma=g^{-1}(\partial J^{p-1}\times[0,1])$ が $D_1=S_1-g(J^{p-1}\times 0)$ と $D_2=S_2-g(\mathring{J}^{p-1}\times 1)$ を結ぶ求められていた連結管である．

$S_3=D_1\cup\gamma\cup D_2$ とおき，これを S_1 **と** S_2 **の連結和**と呼ぶ．S_3 と S_2 の間には，p 球体 $B\cup B_1$ にそう球体的運動が存在するので，全同位 $f:\mathring{U}'\to\mathring{U}'$ により，$f(S_2)=S_3$ となる．S_3 は S_1 と S_2 の連結和で，$\mathring{U}'$ は単連結であるから，$\pi_p(U,*)$ では基点に関係せず，

$$\begin{aligned}[][f\circ h_2\,|\,\partial J^p]&=[h_2\,|\,\partial J^p]+\varepsilon\cdot[h_1\,|\,\partial J^p\times x\times 1]\\&=[h_2\,|\,\partial J^p]+\varepsilon\cdot[h_1\,|\,\partial J^p],\qquad\varepsilon=\pm 1\end{aligned}$$

が成立する．いま，鏡影を $R_k(x_1,\cdots,x_k)=(-x_1,x_2,\cdots,x_k)$ とおくと，$n-p\geqq 2$ より，$R_p\times R_{n-p-1}$ は J^{n-p-1} の向きを保つ同型であるから，id に同位であり，その同位

$$g_2:J^{n-1}\times[0,1]\longrightarrow J^{n-1}\times[0,1]$$

は $g_2\,|\,J^{n-1}\times 0=id$, $g_2\,|\,J^{n-1}\times 1=R_p\times R_{n-p-1}$ を満たす．上の構成で，g_1 を $g_1\circ g_2$ でとりなおして得た f を f' とすれば，$f^{-1}\circ f'|S_3$ は D_1 の向き $[D_1]$ を逆向き $-[D_1]$ にうつすので，

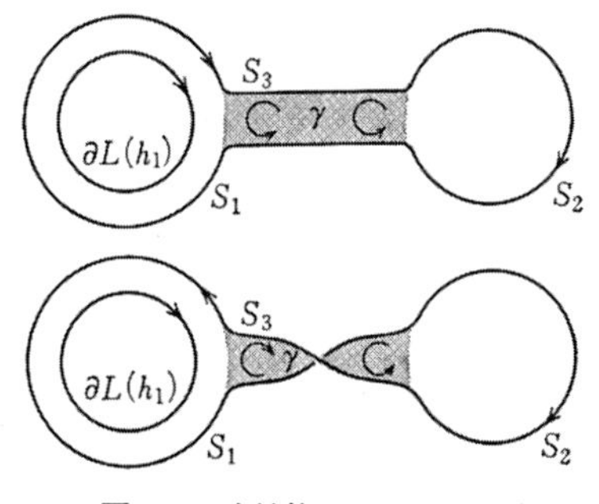

図5.3　連結管の二つのとり方

$$[f'\circ h_2 | \partial J^p] = [h_2 | \partial J^p] - \varepsilon \cdot [h_1 | \partial J^p]$$

となる．$\varepsilon=+1$ に対して f をとり，$\varepsilon=-1$ のときには f' を f ととりなおせばよい．$f(S_3)\cap S_1=\phi$ より，$f(l(h_2))\cap l(h_1)=\phi$ としてよいのは明らかである．かくして補題5.6の証明が終る．▌

補題 5.7　$W^n=(V, U)+(h_1{}^p)+(h_2{}^{p+1})$ とし，$U'=U_{h_1}$ は単連結，$2\leqq p\leqq n-4$ かつ $n\geqq 6$ とする．$I(h_2, h_1)=\pm 1$ であれば，$(h_1{}^p)$ と $(h_2{}^{p+1})$ は相殺されてコブとなる．

証明　$I(h_2, h_1)=\pm 1$ であるから，$I(\partial L[h_2], \partial R[h_1])_{U'}=\pm 1$ が成立する．$\dim \partial L[h_2]=p\geqq 2$，$\dim \partial R[h_1]=n-p-1\geqq 3$ であるから，$p\geqq 3$ のときには U' の単連結性により，また $p=2$ のときには，一般の位置により，

$$\begin{aligned}\pi_i(U', U'-\partial R(h_1)) &\cong \pi_i(U', U'-\mathring{r}(h_1)) = \pi_i(U, U-\mathring{l}(h_1))\\ &= \pi_i(U, U-\partial L(h_1)) = 0,\\ i &\leqq (n-1)-(2-1)-1 = n-3\ (\geqq 3)\end{aligned}$$

となり，$U'-\partial R(h_1)$ の単連結性も得られるから，Whitney の補題により，(h_2) を (h_2') にとりかえて，(h_2') が (h_1) の補ハンドルとなるようにすることができる．かくして，(h_1) と (h_2') は相殺されてコブとなる．▌

c) 多様体のハンドル分解

W を n 次元多様体とし，M を ∂W の中の $n-1$ 次元多様体とする．W の M 上のハンドル分解とは，M の W におけるカラー近傍 $(M\times[0,1])$ に対するハンドル体の表示

$$W = (M\times[0,1], M\times 1)+(h_1{}^{p_1})+\cdots+(h_r{}^{p_r})$$

をいう．これを $M\times 1$ を省略し，順序を考えた和の形で

$$W = M\times I+\sum_{i=1}^{r}(h_i{}^{p_i})$$

とも表わす．とくに，$i\leqq j$ であれば，$p_i\leqq p_j$ であるとき，ハンドル分解は好適であるという．このときには，

$$W = M\times I+\sum_{p=0}^{n}\sum_{i=1}^{r_p}(h_i{}^p)$$

とも表わす．

定理2.6と多様体の定義によりつぎが成り立つ．

命題 5.1 (定理 2.6 の系) コンパクトな n 次元多様体 W はその境界 ∂W の中の $n-1$ 次元多様体 M 上の好適なハンドル分解

$$W = M\times I+\sum_{p=1}^{n}\sum_{i=1}^{r_p}(h_i{}^p)$$

をもつ. (図 5.4) ——

図 5.4

また, 補題 5.2 よりつぎが成立する.

命題 5.2 (補題 5.2 の系) W の M 上のハンドル分解 $W=M\times I+\sum_{j=1}^{r}(h_j{}^{p_j})$ において, p ハンドルが r_p 個 $(p=0, \cdots, n)$ あるとすれば, W の M 上の好適なハンドル分解

$$W = M\times I+\sum_{p=0}^{n}\sum_{i=1}^{r_p}(h_i{}^p)$$

が存在する. ——

好適なハンドル分解 $W=M\times I+\sum_{p=0}^{n}\sum_{i=1}^{r_p}(h_i{}^p)$ に対し,

$$W^{(-1)} = M\times I, \qquad W^{(m)} = M\times I+\sum_{p=0}^{m}\sum_{i=1}^{r_p}(h_i{}^p),$$

$$M^{(m)} = \partial W^{(m)}-(M\times 0\cup\partial M\times[0,1]), \qquad m\geqq 0$$

と表わす. $M^{(n)}=M'$ と略記することもある. このとき, $M'\times 1$ を $M'(\subset\partial W)$ とみなせば,

$$W_{(n-m)}{}^* = M'\times[0,1]\cup cl(W-W^{(m)})$$

とおき, $(h_i{}^p)^*=(h_i{}^p)$, $l(h_i{}^p)^*=r(h_i{}^p)$, $r(h_i{}^p)^*=l(h_i{}^p)$ とみれば, $W_{(n-m)}{}^*$ は $M'\times[0,1]$ から $M'\times 1=M'$ に p ハンドル $(h_i{}^{n-p})^*$ を貼りつけて得られる. すなわち,

$$W_{(n-m)}{}^* = M'\times I+\sum_{p=0}^{m}\sum_{i=1}^{r_p}(h_i{}^{n-p})^*$$

となる．とくに，$W_0{}^*\bigcup_{M} M\times I=W\bigcup_{M'} M'\times I\cong W$ であるから

$$W' = W\bigcup_{M'} M'\times I$$

とおくとき，

$$W' = M\times I+\sum_{p=0}^{n}\sum_{i=1}^{r_p}(h_i{}^p)+M'\times I$$

と表わせば，

$$W' = M'\times I+\sum_{p=0}^{n}\sum_{i=1}^{r_p}(h_i{}^{n-p})^*+M\times I$$

と表わすこともできる．これらのハンドル分解は**互いに双対**であるといい，$n-p$ ハンドル $(h_i{}^p)^*$ は $(h_i{}^p)$ の**双対ハンドル**と呼ばれる．

命題 5.3 (1) $\pi_i(W, W^{(m)})=0$, $i\leqq m$, である．すなわち，包含写像 $W^{(m)}\hookrightarrow W$ は，同型 $\pi_i(W^{(m)})\cong\pi_i(W)$, $i\leqq m-1$, および全射 $\pi_m(W^{(m)})\to\pi_m(W)$ を誘導する．

(2) $\pi_i(W^{(m)}, M^{(m)})=0$, $i\leqq n-m-1$, である．すなわち，包含写像 $M^{(m)}\hookrightarrow W^{(m)}$ は，同型 $\pi_i(M^{(m)})\cong\pi_i(W^{(m)})$, $i\leqq n-m-2$, および全射 $\pi_{n-m-1}(M^{(m)})\to\pi_{n-m-1}(W)$ を誘導する．

証明 (1) を示すには，$W=W^{(n)}$ であるから，$k\geqq m$ に対し，$(W^{(k+2)}, W^{(k+1)}, W^{(k)})$ に対するホモトピー完全系列を使用することによって，

$$\pi_i(W^{(k+1)}, W^{(k)}) = 0, \quad i\leqq k$$

を示せば十分である．$W^{(k+1)}=W^{(k)}+\sum_{j=1}^{r}(h_j{}^{k+1})$ とすれば，(h_j) は $l(h_j)\cup L(h_j)$ に変形レトラクトする．よって，$W^{(k+1)}$ は $W^{(k)}$ に $k+1$ 球体 $L(h_i)$ を貼りつけたものである．$\pi_i(L(h_j{}^{k+1}), \partial L(h_j{}^{k+1}))=0$, $i\leqq k$, により証明が終る．

(2) を示すには，双対ハンドル分解を考えればよい．▌

d）ハンドル分解の単純化と単連結 h 同境定理の証明

補題 5.8 (0 ハンドルの除去) W^n に M 上のハンドル分解が与えられ，p ハンドルが r_p 個 $(p=0, \cdots, n)$ あるとする．W の各連結成分が M と交わるとする．このとき，W の M 上のハンドル分解で，0 ハンドルをもたず，1 ハンドルが r_1-r_0 個，p ハンドルが r_p 個 $(p\geqq 2)$ であるものが存在する．

証明　ハンドル分解は好適であるとしてよい．$p\geqq 2$ のとき，p ハンドルを貼りつけても連結性に影響しない(命題5.3)から，少なくとも一つの0ハンドル(h^0)は，1ハンドル(h^1)によって$(M\times I, M\times 1)$へ結ばれる．すなわち，

$$(h^1)\cap(h^0)=h^1((-1)\times J^{n-1}),$$
$$(h^1)\cap M\times I=h^1(1\times J^{n-1})$$

となる．よって，(h^1), (h^0) は補ハンドルの対であり，相殺されて0ハンドルと1ハンドルの個数は共に減る．こうして r_0 に関する帰納法により補題5.8は示される．∎

補題 5.9 (1ハンドルの除去)　W が M 上 p ハンドルを r_p 個もつハンドル分解をもつとし，$r_0=0$, M は連結，$\pi_1(W, M)=0$, そして，$n\geqq 5$ であるとする．そのとき，W の M 上のハンドル分解で0ハンドル，1ハンドルをもたず，3ハンドルを r_1+r_3 個，そして，$p\neq 3$, $p\geqq 2$ に対し，p ハンドルを r_p 個もつものが存在する．

証明　ハンドル分解は好適であるとしてよい．1ハンドル(h^1)をとり出し，$x\in\partial J^{n-1}$ に対し，$\alpha=h^1(J\times x)$ とおく．$n-1\geqq 3$ であるから，$M'=(M\times 1)_{h^1}$ 上の一般の位置と正則近傍の理論により，2ハンドルと交わらないとしてよい．すなわち，α は $M^{(2)}=\partial W^{(2)}-(M\times 0\cup\partial M\times[0,1))$ に含まれている．

$$\pi_1(W, M)\cong\pi_1(W^{(2)}, M\times I)\cong\pi_1(W^{(2)}-M\times[0,1), M\times 1)=0$$

であるから，α は $W^{(2)}-M\times[0,1)$ 内で，$M\times 1$ 上で $\partial\alpha$ を結ぶ道 β にホモトープとなる．一般の位置により，β は(h^1)以外の1ハンドルおよびどの2ハンドルとも交わらないとしてよい．そして，$n\geqq 5$ よりホモトピーは $\partial(W^{(2)}-M\times[0,1))$ 上の円周 $\alpha\cup\beta$ を貼る $W^{(2)}-M\times[0,1)$ 内の固有な円板 B^2 で与えられるとしてよい．

さらに，定理4.13の系によって，B^2 は局所平坦である．B^2 の $(W^{(2)}-M\times[0,1), M\times 1)$ における導近傍 (N^n, N^{n-1}) は共に球体で，(N^n, B^2) は自明な球体対である．(N^n, N^{n-1}) は $(M\times I, M\times 1)$ のコブであり，補題5.4により，$N^n=(h^2)\cup(h^3)$ と補ハンドルに分解され，$L(h^2)=B^2$ となる．

$$\partial L(h^2)\cap\partial R(h^1)=(\alpha\cup\beta)\cap\partial R(h^1)=\alpha\cap\partial R(h^1)$$

であり，$\alpha=h^1(J\times x)$ であるから，(h^2) は (h^1) の補ハンドルである．したがって，(h^1) と (h^2) は相殺され，結局，(h^1) が3ハンドル (h^3) におきかえられたことに

なる．かくして，r_1 に関する帰納法で補題5.9は示される．▌

補題 5.10 W^n の M 上のハンドル分解が r_p 個の p ハンドル $(p=0, \cdots, n)$ をもつとし，$2 \leqq s \leqq n-4$ なる s に対し $r_i=0$, $i \leqq s-1$, M が単連結，かつ $n \geqq 6$ とする．このとき $H_s(W, M)=0$ であれば，W の M 上のハンドル分解で，$p \leqq s$ に対し p ハンドルをもたず，$s+1$ ハンドルを $r_{s+1}-r_s$ 個，$p \geqq s+2$ に対し p ハンドルを r_p 個もつものが存在する．

証明 $s \geqq 2$ かつ M は単連結であるから，命題5.3によって，$W^{(p)}$, $M^{(p)}$, $p \geqq 2$, も単連結で，Hurewicz の同型より，

$$H_s(W^{(s+1)}, M \times I) \cong \pi_s(W^{(s+1)}, M \times I) \cong \pi_s(W, M \times I)$$
$$\cong H_s(W, M \times I) = 0$$

である．よって，$(W^{(s+1)}, W^{(s)}, W^{(s-1)}=M \times I)$ に対するホモロジー完全系列の準同型

$$d: H_{s+1}(W^{(s+1)}, W^{(s)}) \longrightarrow H_s(W^{(s)}, M \times I)$$

は全射となる．$s+1$ ハンドルを $(h_1), \cdots, (h_r)$ とすれば，

$$H_{s+1}(W^{(s+1)}, W^{(s)}) \cong \sum_{i=1}^{r+1} H_{s+1}((h_i), l(h_i)) \cong \sum_{i=1}^{r} H_{s+1}(L(h_i), \partial L(h_i))$$

であり，ハンドルの向き $L[h_i]$ で生成される自由 Abel 群である．(h) を $W^{(s)}$ の s ハンドルとすれば，$L[h]$ は $H_s(W^{(s)}, M \times I)$ の直和成分の生成元であり，d が全射であることから，整数 n_i, $i=1, \cdots, r$, に対し，$H_s(W^{(s)}, M \times I)$ で，

$$d\left(\sum_{i=1}^{r} n_i \cdot L[h_i]\right) = L[h]$$

と表わされる．$dL[h_i]$ は $H_s(W^{(s)}, M \times I)$ では $\partial L[h_i]$ と同一視され，結合数を $t_i=I(h_i, h)$ とおけば，

$$dL[h_i] = t_i \cdot L[h] \quad \text{よって} \quad \sum_{i=1}^{r} n_i \cdot t_i = 1$$

を得る．$(n_1, \cdots, n_r)=1$ であるから補題5.6をくりかえし適用して，(h_i) を (h_i'), $i=1, \cdots, r$, にとりかえて，とくに，

$$\partial L[h_1'] = \sum_{i=1}^{r} n_i \cdot \partial L[h_i]$$

となるようにすることができる．すなわち，

$$dL[h_1'] = L[h]$$

となる．すなわち，$I((h_1'), (h))=1$ であるから，補題5.7により，(h_1') と (h) は相殺され，s ハンドルと $s+1$ ハンドルが共に一つずつ消滅する．r_s に関する帰納法で補題の証明を終る．▌

W をコンパクトな n 次元多様体，M を ∂W の中の $n-1$ 次元部分多様体とし，$N=\partial W-\mathring{M}$ とする．$(W; M, N)$ を ($\partial M=\partial N$ に相対的な) **同境**という．同境 $(W; M, N)$ が h **同境**であるとは，M, N が共に W の変形レトラクトであるときをいう．

定理 5.1 (単連結 h 同境定理)　h 同境 $(W^n; M, N)$ に対し，$\dim W \geqq 6$，かつ M が単連結であるとする．このとき W は M のカラーである．すなわち，同型

$$c: M\times I \longrightarrow W$$

が存在して，$c(x, 0)=x$，$x\in M$，となる．

証明　W の M 上のハンドル分解をとる．M, W, N はすべて単連結であるから，補題5.8，5.9，5.10により，双対分解に対して，$p\leqq n-4$ である p ハンドルは存在しないとしてよい．よって，もとのハンドル分解は $p\leqq 3$ である p ハンドルしかもたない．再び，補題5.8，5.9，5.10により，$p\leqq 2$ であるハンドルを消去できる．W は M 上3ハンドルしかもたないハンドル分解をもつことになったが，

$$H_3(W, M\times I) \cong \pi_3(W, M\times I) = 0$$

より，3ハンドルは必然的に存在しえない．すなわち，ハンドルはすべて消去されている．よって W 自身カラー $M\times I$ に等しい．▌

§5.2 s 同境定理

a) 道つきハンドル

$V'=(V, U)+(h^p)$ として，U の基点 $*\in U-\mathring{l}(h)$，$\partial l(h)$ の基点 $x=h(1\times 0^{p-1}\times 1\times 0^{n-p-1})$ を定め，$*$ から x への $U-\mathring{l}(h)$ 上の道 w の両端点を固定したホモトピー類を考え，それを再び w と表わす．$(h)_w$ を**道つきハンドル**という．$L[h]$ と w を一緒にして，$L[h]_w$ を $(h)_w$ の**向き**という．

w に $h(1\times 0^{p-1}\times[0, 1]\times 0^{n-p-1})$ をつけ加えたものを w' とすれば，$L[h]_{w'}$ は U 上の $L(h)$ の道つき向きとなる．$L[h]_w=L[h]_{w'}$ と同一視する．同様に，w に $h([0, 1]\times 0^{p-1}\times 1\times 0^{n-p-1})$ をつけ加えたものを w'' とし，$R[h]_w=R[h]_{w''}$ と同

一視すれば，これは $U'=U_h$ 上の $R(h)$ の道つき向きとなる．

$$W=(V,U)+(h_1{}^p)+(h_2{}^{p+1})$$

とし，

$$U'=U_{h_1},\qquad \pi_1(U',*)=\pi$$

とする．

$$I((h_2)_{w_2},(h_1)_{w_1})=I(\partial L[h_2]_{w_2},\partial R[h_1]_{w_1})_{U'}\in \boldsymbol{Z}[\pi]$$

と定義し，**道つきハンドルの結合数**と呼ぶ．§4.4, d) によって，§5.1, b) の補題5.7はつぎのようになる．

補題 5.7′　$n-4\geqq p\geqq 2$ のとき，$(h_1{}^p)$ と $(h_2{}^{p+1})$ が相殺されるための必要十分条件は，

$$I((h_2)_{w_2},(h_1)_{w_1})=\pm g\in \boldsymbol{Z}[\pi],\qquad g\in\pi$$

となることである．――

$V'=(V,U)+(h^p)$ のとき，$x'=h(1\times 0^{p-1}\times 1\times 0^{n-p-1})$ とおくと，$h|\partial J^p$ のホモトピー類 $[h|\partial J^p]\in\pi_{p-1}(U,x')$ に対して，道 w' をつけ加えて，$[h|\partial J^p]_{w'}\in\pi_{p-1}(U,*)$ が定まる．$[h|\partial J^p]_{w'}=[h|\partial J^p]_w$ と同一視する．

§5.1, b) の補題5.6はつぎのようになる．

補題 5.6′　　$W^n=(V,U)+(h_1{}^p)+(h_2{}^p),\qquad 3\leqq p\leqq n-2$

とし，$(h_1)\cap(h_2)=\phi$，$(h_1),(h_2)$ の道を w_1,w_2 とする．このとき，$\pi_1(U,*)$ のかってな元 g に対して，$U'=U_{h_1}$ 上の全同位 f が

$$f(l(h_2))\cap l(h_1)=\phi,$$

かつ

$$[f\circ h_2|\partial J^p]_{w_2}=[h_2|\partial J^p]_{w_2}\pm[h_1|\partial J^p]_{g\cdot w_1}$$

を満たすようにとれる．

実際，連結管の中心の道 α を $g=w_2\cdot\alpha\cdot w_1{}^{-1}$ となるようにとればよい．

補題 5.11　$(W^n;M,N)$ を h 同境とし，

$$W=M\times I+\sum_{p=s}^{n}\sum_{i=1}^{r_p}(h_i{}^p)$$

であれば，$2\leqq s\leqq n-4$ のとき，各 s ハンドルを $s+2$ ハンドルを加えることにより除去できる．

すなわち，$r_{s+2}{}'=r_s+r_{s+2}$，$r_p{}'=r_p$，$p\neq s+2$，のとき

$$W = M\times I + \sum_{p=s+1}^{n}\sum_{i=1}^{r_p'}(h_i'^p)$$

となる．

証明　$(W^{(s+1)}, W^{(s)}, W^{(s-1)}=M\times I)$ に対するホモトピー完全系列で，

$$\pi_s(W^{(s+1)}, M\times I) \cong \pi_s(W, M\times I) = 0$$

より，境界準同型

$$d\colon \pi_{s+1}(W^{(s+1)}, W^{(s)}) \longrightarrow \pi_s(W^{(s)}, M\times I)$$

は全射である．$s\geqq 2$ より，

$$\pi_1(M^{(s)}, *) \cong \pi_1(W^{(s)}, *) \cong \pi_1(W^{(s+1)}, *) = \pi$$

が成立するので，$W^{(s+1)}$ の普遍被覆 $\tilde{W}^{(s+1)}$ の $M^{(s)}$，$W^{(s)}$ 上への制限 $\tilde{M}^s$，$\tilde{W}^s$ はそれぞれの普遍被覆となる．よって，

$$\pi_{s+1}(W^{(s+1)}, W^{(s)}, *) \cong H_{s+1}(\tilde{W}^{(s+1)}, \tilde{W}^{(s)}) \cong H_{s+1}(W^{(s+1)}, W^{(s)}; \boldsymbol{Z}[\pi])$$

が成立する．実際，(h_i^{s+1}) に道 w_i を与えると，

$$[h_i^{s+1}\,|\,\partial J^{s+1}]_{w_i} \in \pi_{s+1}(W^{(s+1)}, W^{(s)})$$

には $L[h_i^{s+1}]_{w_i} \in H_{s+1}(W^{(s+1)}, W^{(s)}; \boldsymbol{Z}[\pi])$ が対応し，$\pi_1(W^{(s)}, *)$ の元 g の作用は $[h_i^{s+1}\,|\,\partial J^{p+1}]_{g\cdot w_i}$ に $L[h_i^{s+1}]_{g\cdot w_i}$ が対応するように保存され，$H_{s+1}(W^{(s+1)}, W^{(s)}; \boldsymbol{Z}[\pi])$ は $L[h_i^{s+1}]_{w_i}$ により生成される自由 $\boldsymbol{Z}[\pi]$ 加群となる．

$(h^s)_w$ を道つき s ハンドルとすれば，d は全射であるから，$[h\,|\,J^s\times y]_w \in \pi_s(W^{(s)}, M\times I)$ に対し，$n_i \in \boldsymbol{Z}[\pi]$ が存在して，

$$d\left(\sum_{i=1}^{r_{s+1}} n_i\cdot[h_i^{s+1}\,|\,\partial J^{s+1}]_{w_i}\right) = [h\,|\,J^s\times y]_w$$

となる．$\boldsymbol{Z}[\pi]$ では，Euclid の互除法を一般には使用できないことに注意して，コブを補ハンドルの対 (h^{s+1}), (h^{s+2}) に分解し，補題 5.6′ をくりかえし使用して，

$$[h^{s+1}\,|\,\partial J^{s+1}]_{w_0} = \sum_{i=1}^{r_{s+1}} n_i\cdot[h_i^{s+1}\,|\,\partial J^{s+1}]_{w_i}$$

とする．(h^{s+1}) を (h) に関し正規化して，

$$\begin{aligned} I((h^{s+1})_{w_0}, (h)_w) &= I(\partial L[h^{s+1}]_{w_0}, \partial R[h]_w)_{M^{(s)}} \\ &= I(\partial[h(J^s\times y)]_w, \partial R[h]_w)_{r(h)} = 1 \end{aligned}$$

が示される．よって，(h^{s+1}) により (h^s) は消去される．r_s に関する帰納法で補題 5.11 は証明される．∎

b) 群 π の Whitehead 群 $Wh(\pi)$ と h 同境の Whitehead の捩れ

π の群環 $\boldsymbol{Z}[\pi]$ に成分を有する $r\times r$ 行列で，可逆なものからなる全体を $GL(r, \boldsymbol{Z}[\pi])$ と表わし，$\bigcup_{r=0}^{\infty} GL(r, \boldsymbol{Z}[\pi])$ の元の間に，つぎの四つの基本変形で生成される変形で互いにうつれるものを同値とし，その同値類の全体を $Wh(\pi)$ と定める．(ただし，$GL(0, \boldsymbol{Z}[\pi])=\{\phi\}$ とする.)

(1) $A\in GL(r, \boldsymbol{Z}[\pi])$ を $\begin{bmatrix} A & 0 \\ 0 & 1 \end{bmatrix} \in GL(r+1, \boldsymbol{Z}[\pi])$ とするか，その逆の変形.

(2) 行あるいは列に $\boldsymbol{Z}[\pi]$ の元を掛けて，それぞれ，他の行あるいは列に加える変形.

(3) 二つの行あるいは列の交換.

(4) 一つの列に π の元 g あるいは -1 を掛ける変形.

$Wh(\pi)$ の元 $[\![A]\!], [\![B]\!]$ の和をブロック和

$$[\![A]\!]+[\![B]\!] = \left[\!\!\left[\begin{bmatrix} A & 0 \\ 0 & B \end{bmatrix}\right]\!\!\right]$$

で定義する，ただし $[\![A]\!]$ 等は可逆な $\boldsymbol{Z}[\pi]$ 行列 A 等の同値類を表わす．A, B が共に $GL(r, \boldsymbol{Z}[\pi])$ の元であれば，

$$[\![A\cdot B]\!] = [\![A]\!]+[\![B]\!]$$

が成立するので，$(Wh(\pi), +)$ は可換群となる．とくに，その零元は 0×0 行列 ϕ の同値類である．かくして，$(Wh(\pi), +)$ が定義された.

問 5.3 実際に，$[\![A\cdot B]\!]=[\![A]\!]+[\![B]\!]$ および $(Wh(\pi), +)$ が可換群となることを示せ.

例 5.1 (i) $\pi=\boldsymbol{Z}$ のとき，$Wh(\boldsymbol{Z})=\{0\}$ である.

(ii) $\pi=\boldsymbol{Z}_5$ (次数5の巡回群)のとき，$Wh(\boldsymbol{Z}_5)$ は $\boldsymbol{Z}[\boldsymbol{Z}_5]$ の単元 $1-t$ (t は $\boldsymbol{Z}_5$ の生成元)の同値類 $[1-t]$ で生成される無限巡回群である[1].

さて，h 同境に戻ろう.

補題 5.12 $(W^n; M, N)$ を h 同境とし，$n\geqq 6$ とする．W の M 上のハンドル分解

$$W = M\times I+\sum_{j=1}^{r}(h_j{}^2)+\sum_{i=1}^{r}(h_i{}'^3)$$

1) G. Higman: The units of group rings, Proc. London Math. Soc. **46** (1940), 231-248 を参照せよ.

が存在する．とくに，

$$d:\ \pi_3(W,\ W^{(2)}) \longrightarrow \pi_2(W^{(2)},\ M\times I)$$

は同型で，$[d]\in Wh(\pi)$ が得られる，ただし $\pi=\pi_1(M,\ *)$．——

$$[d] = \tau(W, N)$$

と表わし，h 同境 $(W^n\,; M, N)$ の **(Whitehead の) 捩れ**という．

証明　§5.1により，0ハンドル，1ハンドルを消去し，つぎに双対分解で，補題5.3により，$p\leqq n-4$ なる p ハンドルを消去できる．こうして，W の M 上のハンドル分解

$$W = M\times I+\sum_{j=1}^{r}(h_j{}^2)+\sum_{i=1}^{s}(h_i{}'^3)$$

が得られる．このとき，$(W=W^{(3)},\ W^{(2)},\ W^{(1)}=M\times I)$ に対するホモトピー完全系列で，$\pi_i(W, M)=0,\ i\geqq 0$，より，

$$d:\ \pi_3(W,\ W^{(2)}) \longrightarrow \pi_2(W^{(2)},\ M\times I)$$

は同型となる．

$$\pi_1(M\times I)\cong\pi_1(W^{(2)})\cong\pi_1(W)=\pi$$

が自然な同型として成り立つので，普遍被覆をとることにより，d はハンドル $(h_j{}^2)$, $(h_i{}'^3)$ の道つき向き $L[h_j{}^2]_{w_j}$, $L[h_i{}'^3]_{w_i'}$ で生成される自由 $\boldsymbol{Z}[\pi]$ 加群の間の同型

$$d:\ H_3(W,\ W^{(2)}\,;\boldsymbol{Z}[\pi])\cong H_2(W^{(2)},\ M\times I\,;\boldsymbol{Z}[\pi])$$

と同一視される．とくに，$\boldsymbol{Z}[\pi]$ 生成元であるハンドルの個数 r, s に対し，$r=s$ が成立する．また，d は $\boldsymbol{Z}[\pi]$ 自由加群の間の同型であるから，その行列表示 D が $GL(r, \boldsymbol{Z}[\pi])$ の元として定まる．$[d]=[D]\in Wh(\pi)$ として $[d]$ を定義する．∎

重要な注意　ここでは Whitehead の捩れに関して詳述する余裕はない．しかし，$[d]$ が $(W^n\,; M, N)$ のハンドル分解のとり方によらずに定まることが知られていることを注意する．

実際，コンパクトな多面体対 (P, X) で X が P の変形レトラクトのときに，P を X から CW 胞体を貼りつけて得られるとみなせば，ハンドル分解の単純化と同様の議論が，この場合には全同位をホモトピー同値におきかえることによってなされ，捩れ $\tau(P, X)\in Wh(\pi)$，ただし $\pi=\pi_1(X, *)$，が定義される．(P, X), (Q, X) が同値であるということを，対 (P_i, X)，$i=1,\cdots,k$，が存在して，$P_0=P\searrow P_1\nearrow P_2\searrow\cdots\nearrow$(あるいは$\searrow$) $P_k=Q$ となるこ

とであると定義すれば，このとき，$\tau(P, X)=\tau(Q, X)$ であり，さらに，X 上のそのような多面体対 (P, X) の同値類の全体が $Wh(\pi)$ の元と1対1に対応することが知られている．とくに，(X, X) の場合には，$\tau(X, X)=0$ で，たとえば，X が P の縮約であるときに，$\tau(P, X)=0$ となる[1)].

h 同境 $(W; M, N)$ が $\tau(W, M)=0$ であるとき，s **同境**という．

定理 5.2 (s 同境定理)　$(W^n; M, N)$ が s 同境であり，$n \geqq 6$ とすれば，W は M のカラーである．

証明　補題5.12で，$\tau(W, M)=[d]=[D]=0$ である場合を考えればよい．D が変形によって 0×0 行列にうつせるということであるから，各基本変形がハンドル分解の変形にどのように関係するか調べる．

(1)の変形は，コブを加えて，補ハンドルの対に分解すること，およびその逆に対応する．これは§5.2の補題5.7′および道 w_1 のとり方を変えることによってハンドル分解を変形することにより可能である．(2)の変形は，§5.2の補題5.6′に対応するハンドル分解の変形で，(3)は，ハンドルの番号のつけかえ，また，(4)は，道つきハンドル $(h_i')_{w_i}$ を $g\in\pi$ に対し，$\pm(h_i')_{g\cdot w_i}$ とする d の表示 D のとり方にのみ関係している．結局，$[D]=0$ ということは，補題5.7′，5.6′をくりかえし適用すれば，2ハンドルと3ハンドルを相殺し共に消去できるということをいっている．よって，W は M のカラーにすぎない．∎

問 5.4　π が自明群 $\{1\}$ の場合，$Wh(\{1\})=0$ を示せ．

［ヒント］　単連結 h 同境定理の証明と本質的には変わらない．$\boldsymbol{Z}(\{1\})=\boldsymbol{Z}$ に対し，Euclid の互除法が成立することを使えばよい．

定理 5.3 (実現定理)　M^m はコンパクト多様体で $m\geqq 4$ とする．$\pi=\pi_1(M, *)$ に対し，$Wh(\pi)$ のかってな元 $\tau=[A]$ が与えられると，h 同境 $(W^{m+1}; M, N)$ が存在して，$\tau(W, M)=\tau$ となる．

証明　$A=(a_{ij})$，$a_{ij}\in\boldsymbol{Z}[\pi]$，$1\leqq i, j\leqq r$，とする．$(M\times I, M\times 1)$ にそれぞれ r 個からなる2組のコブを貼りつける．一方の r 個のコブを2ハンドル (h_j^2) とその補3ハンドル $(h_j''^3)$ に分解し，他方の r 個のコブを3ハンドル $(h_i'^3)$ とその補ハンドルに分解する．

1) J. H. C. Whitehead: Simple homotopy types, Amer. J. Math. 72 (1950), 1-57, 現代的には, J. W. Milnor: Whitehead torsion, Bull. Amer. Math. Soc. 72 (1966), 358-426 を参照.

$$W^{(2)} = M\times I+\sum_{j=1}^{r}(h_j{}^2)$$

とおく．$h_j|\partial J^2$ は $M\times 1$ 上でホモトープ 0 であり，$m+1\geqq 5$ であるから，自然な同型

$$\pi_1(M\times 1)\cong\pi_1(W^{(2)})\cong\pi_1(M^{(2)})$$

が成立する．補題 5.6′ を各 $(h_i'^3)$ と $(h_j''^3)$, $j=1,\cdots,r$, に適用することにより，(h_i') を $M^{(2)}$ 上すべらせて，

$$\partial L[h_i']_{w_i'} = \sum_{j=1}^{r}a_{ij}\partial L[h_j]_{w_j},\qquad i=1,\cdots,r$$

となるとしてよい．

$$W=(W^{(2)},M^{(2)})+\sum_{i=1}^{r}(h_i'^3),\qquad N=\partial W-\mathring{M}$$

とおくと，$(W;M,N)$ が求める h 同境である．(詳細の検証は練習問題とする.) ∎

§5.3　h 同境定理の応用

a) 高次元(6次元以上)の PL 球体と PL 球面の特徴づけ

定理 5.4　可縮な PL 多様体 D^n は ∂D^n が単連結であれば，$n\geqq 6$ のとき，PL 球体である．とくに，∂D^n は PL 球面である．

証明　$x\in\mathring{D}$ の導近傍 B は n 球体で，$E=D-\mathring{B}$ とおくと，$(E;\partial B,\partial D)$ は単連結 h 同境となる．実際，$\partial B, E$ は単連結で，仮定より ∂D も単連結である．また，$H_*(E,\partial B)\cong H_*(D,B)\cong H_*(D,x)=0$ であるから，Poincaré の双対定理および Whitehead の定理により，$\partial B,\partial D$ は E の変形レトラクトである．$n\geqq 6$ より，$E\cong\partial B\times[0,1]$ であるから，D は球体 B と同型である．∎

注意　(i)　∂D^n の単連結性の仮定は必要である．実際，$n\geqq 4$ のとき，D が可縮でも ∂D が単連結とならない例がある．

(ii)　$n\leqq 2$ のときは古典的である．$3\leqq n\leqq 5$ の場合は未解決である．

定理 5.5 (高次元 Poincaré-Smale の定理)　n 次元コンパクト閉多様体 M^n が n 球面 S^n とホモトピー同値であれば，$n\geqq 6$ のとき，M^n は n 球面である．

証明　$M\ni x$ の導近傍 B は n 球体である．$n\geqq 3$ であれば，$M-\mathring{B}$ は可縮である．∂B は単連結であるから，$n\geqq 6$ より定理 5.4 から $M-\mathring{B}$ も n 球体となる．

$$M=(M-\mathring{B})\cup B, \qquad (M-\mathring{B})\cap B=\partial B$$

であるから，M は n 球面である．▌

注意 $n\leqq 2$ のときは古典的である．$n=3$ のときは有名な Poincaré 予想——単連結3次元閉多様体は3球面——と同値な命題で未解決で，$n=4$ の場合も未解決である．$n=5$ の場合には，手術の理論 (surgery) によってホモトピー球面 M^5 は可縮な多様体 D^6 の境界となる．よって定理5.4より，M^5 が5球面であることが知られる．このことから，D^5 が可縮で ∂D^5 が4球面であれば D^5 は5球面であることが示される．

b）結び目の消滅と解消

定理 5.6 (Zeeman の結び目消滅定理 (unknotting theorem))

(S_n) どんな (n,m) 球面対 $S^{n,m}$ も，$n-m\geqq 3$ であれば自明である．

(B_n) どんな (n,m) 球体対 $B^{n,m}$ も，$n-m\geqq 3$ であれば自明である．

系 (M_n) どんな固有な (n,m) 多様体対 $M^{n,m}$ も，$n-m\geqq 3$ のとき局所平坦である．

証明 $(S_n), (B_n), (M_{n+1})$ の $n\leqq 5$ のときについては，§4.3, d) の定理4.14および系で示されている．

$n\geqq 6$ とし，$k\leqq n-1$ に対し，$(S_k), (B_k)$ を仮定する．§4.3, d) の場合と同様に，からみ体の対を考えれば，(M_n) が成り立つ．(B_n) を示そう．(M_n) により球体対 $B^{n,m}$ は局所平坦である．B^m の B^n における導近傍 N^n をとれば，定理4.11の系により，球体対 (N^n, B^m) は自明である．$E=cl(B^n-N)$，$F=\partial N\cap E$，$G=\partial B^n\cap E$ とおくと，$(E;F,G)$ は同境であり，$n-m\geqq 3$ より一般の位置の議論によって，$\partial N-\partial B^m$，$\partial B^n-\partial B^m$，$B^n-B^m$ は単連結で，$\partial N-\partial B^m$，$\partial B^n-\partial B^m$ は B^n-B^m の変形レトラクトである，F, G, E も単連結である．切除および変形レトラクトにより同型

$$H_i(E,F)\cong H_i(B^n,N)\cong H_i(B^n,B^m)=0, \qquad i\geqq 0$$

を得る．よって，Poincaré の双対定理および Whitehead の定理により，$(E;F,G)$ は単連結 h 同境となる．$n\geqq 6$ より E は F のカラーであり，(B^n,B^m) と (N,B^m) は同型となる．よって，(B_n) が示された．つぎに (S_n) を示せばよい．$S^{n,m}$ は局所平坦であるから，S^m の点 x の導近傍対 $B^{n,m}$ は自明な球体対である．(B_n) により，球体対 $S^{n,m}-\mathring{B}^{n,m}$ も自明である．よって，$S^{n,m}$ も自明である．▌

注意 微分可能球面対の場合には，余次元が3以上でも微分同型のもとに自明でないものがある．Zeeman の結び目消滅定理は PL トポロジーの特徴を良く表わしている．

定理 5.7(余次元1の高次元結び目消滅定理——高次元 PL Schoenflies の定理) $S^{n,n-1}$ を局所平坦な球面対とし，$n \geqq 6$ とする．$S^{n,n-1}$ は自明である．

証明 Alexander の双対定理から，$S^n - S^{n-1}$ は二つの連結成分 U_1, U_2 に分けられる．$D_1 = U_1 \cup S^{n-1}$，$D_2 = U_2 \cup S^{n-1}$ とおく．S^{n-1} は S^n で局所平坦であるから，D_1, D_2 は PL n 多様体である．Mayer-Vietoris の完全系列から，D_1, D_2 は1点と同じホモロジーをもち，また，van Kampen の定理から，$\pi_1(S^{n-1}) = \{1\}$，$n \geqq 3$，だから D_1, D_2 は共に単連結となる．よって，Whitehead の定理により，D_1, D_2 は可縮である．さらに，$\partial D_1 = \partial D_2 = S^{n-1}$ であるから，定理5.4より D_1，D_2 は共に n 球体である．このことから，$S^{n,n-1}$ が自明であることは直ちに示される．∎

注意 (i) $n \leqq 3$ の場合には Schoenflies の定理と呼ばれ，古典的結果である．$n=4$ の場合には未解決である．$n=5$ の場合には定理5.4の注意から成立する．

(ii) $n \leqq 4$ の場合には局所平坦性を仮定せずに，より低い次元の Schoenflies の定理の成立から局所平坦性が得られる．局所平坦性を仮定しない場合，$n \geqq 5$ のときは未解決である．$n=4$ の場合に成立することと，局所平坦でない $n \geqq 5$ の場合に成立することとは同値であることが知られている．

定理 5.8(余次元2での高次元結び目解消定理)

(S_n) 結び輪 $S^{n,n-2}$(局所平坦な球面対)は，$S^n - S^{n-2}$ が円周 S^1 とホモトピー同値であれば，$n \geqq 6$ のとき自明である．

(B_n) 結び糸 $B^{n,n-2}$(局所平坦な球体対)は，$B^n - B^{n-2}$ が円周 S^1 とホモトピー同値で，$\partial B^{n,n-2}$ が自明な球面対であれば，$n \geqq 6$ のとき自明である．

証明 $(B_n) \Longrightarrow (S_n)$ の証明は容易である．(定理5.6参照) (B_n) を示す．B^{n-2} の B^n での導近傍を N とすると，(N, B^{n-2}) は自明な球体対である．$E = cl(B^n - N)$，$F = \partial N \cap E$，$G = \partial B^n \cap E$ とおくと，$(E; F, G)$ は同境である．定理5.6の場合と同様に，E は S^1 とホモトピー同値となる．一方，$\partial B^{n,n-2}$ および $\partial(N, B^{n-2})$ は自明であるから，やはり，F, G も S^1 とホモトピー同値となる．Alexander の双対定理により，実際，F, G が E の変形レトラクトとなることがいえる．よって，$(E; F, G)$ は h 同境である．$\pi_1(F) \cong \pi_1(S^1) = \boldsymbol{Z}$ であり，$Wh(\boldsymbol{Z}) = 0$ であるから，$(E; F, G)$ は s 同境である．$n \geqq 6$ であるから，s 同境定理により，E は F のカラーである．よって，(B^n, B^{n-2}) は (N, B^{n-2}) に同型であり，自明である．∎

注意　(i)　$n=3$ のときはいわゆる **Dehn の補題** (Dehn's lemma) といわれ証明されている．$n=4$ の場合は未解決である．$n=5$ の場合は，手術の理論により証明されている．

(ii)　(S_n) での局所平坦性，(B_n) での境界の自明性をとれば，反例がある．

c）錐構成による重要な反例

$Wh(\boldsymbol{Z}_5)=\boldsymbol{Z}$ であることから，5次元以上の多面体に対する基本予想の反例と縮約の位相不変性に対する反例を構成する．

構成：各 $n\geqq 5$ に対し，$\pi_1(M)=\boldsymbol{Z}_5$ である $n-1$ 次元 PL 閉多様体 M が得られたとする．$Wh(\boldsymbol{Z}_5)\ni\tau\neq 0$ に対し，$n-1\geqq 4$ であるから，定理5.3より，h 同境 $(W^n; M, N)$ で，

$$\tau(W, M)=\tau$$

となるものが存在する．

$$P=a*M \qquad (M \text{ の錐}),$$

$$Q=(b*N)\cup W \qquad (W \text{ の境界成分 } N \text{ に錐 } b*N \text{ を貼りつけたもの})$$

とおくと，P, Q は n 次元多面体である．$n\geqq 5$ であるから弱 h 同境定理により，$W-N$ は $M\times[0,1)$ と PL 同型である．N の W におけるカラーを考えれば，$Q-b=((1,0]\times N)\cup W$ と $W-N$ の間の PL 同型が得られる．よって，$Q-b$ は $M\times[0,1)$ と PL 同型である．他方，$P-a$ は明らかに $M\times[0,1)$ と PL 同型である．したがって，PL 同型

$$f: P-a \longrightarrow Q-b$$

が存在する．P, Q は $P-a$, $Q-b$ の1点コンパクト化であるから，$f(a)=b$ として f は同相

$$f: (P, a) \longrightarrow (Q, b)$$

に拡張される．こうして，同相な多面体 P, Q (実際，1点 a 以外では PL 同型である)が得られた．M の構成は，円周 S^1 の間の写像度5の PL 写像 $f: S^1\to S^1$ の写像錐 C_f がコンパクト2次元多面体 X^2 とホモトピー同値となることに注意し，一般の位置により，$\boldsymbol{R}^n$, $n\geqq 5$, に埋蔵してその導近傍 N をとり $M=\partial N$ とすればよい．変形レトラクトと一般の位置の議論により，

$$\pi_1(M)\cong\pi_1(N-X^2)\cong\pi_1(N)\cong\pi_1(X^2)\cong\pi_1(C_f)=\boldsymbol{Z}_5$$

となる．

定理 5.9 (縮約は位相不変でない)　(P, a) と (Q, b) は対として同相であるが，

$P\searrow a$ であるが $Q\searrow b$ でない.

証明　$P=a*M$ であるから, $P\searrow a$ である. 錐 $b*N$ は N の W におけるカラーを加えた錐の一部とみなせるので, b の Q における導近傍とみなせる. $Q\searrow b$ とすれば, この縮約にそって b の Q における導近傍を拡大して Q に重ねることができる. (実際, $Q-b$ は PL 多様体であるから正則近傍の議論はそのまま使うことができる.) かくして正則近傍円環性定理と同様にして, $cl(Q-b*N)=W$ は $N\times I\,(\cong M\times I)$ と PL 同型となる. よって

$$\tau(W,M)=\tau(M\times I, M\times 0)=0$$

となる. これは $\tau\neq 0$ に反する. ▮

定理 5.10 (n 次元多面体 ($n\geqq 5$) に対する基本予想の反例)　P と Q は同相であるが, PL 同型ではない.

証明　$P-a$, $Q-b$ は PL 多様体で, その各点のからみ体は単連結である. 一方, $\pi_1(lk(a,P))=\pi_1(M)=\boldsymbol{Z}_5$, $\pi_1(lk(b,Q))=\pi_1(N)=\boldsymbol{Z}_5$ である. よって, PL 同型 $h:P\to Q$ が存在したとすれば, $h(a)=b$ となる. $P\searrow a$ であるから縮約の PL 不変性より, $Q\searrow b$ となる. これは定理 5.9 に矛盾する. ▮

注意　多面体の基本予想の反例は最初に Milnor により発見された.

問 5.5　ここで構成された多面体 P の点 a での有理係数局所ホモロジー $H_*(P, P-a;Q)$ は $H_*(\boldsymbol{R}^n, \boldsymbol{R}^n-0;\boldsymbol{Q})$ と同型である. すなわち, P は境界をもつ有理ホモロジー多様体である.

[ヒント] $H_*(X^2;\boldsymbol{Q})$ が 1 点の有理係数ホモロジー群と同型であることによる.

注意　5 次元以上の多様体に対する基本予想の反例は 1969 年に Siebenmann により得られた.

■岩波オンデマンドブックス■

岩波講座 基礎数学
幾何学 iv
組合せ位相幾何学

1976年12月2日　第1刷発行
1988年6月3日　第3刷発行
2019年7月10日　オンデマンド版発行

著　者　加藤十吉(かとうみつよし)

発行者　岡本　厚

発行所　株式会社 岩波書店
〒101-8002 東京都千代田区一ツ橋 2-5-5
電話案内 03-5210-4000
https://www.iwanami.co.jp/

印刷／製本・法令印刷

ISBN 978-4-00-730906-9　Printed in Japan